U0333779

$$k_x = \frac{d}{dt}\left\{\frac{m\,c^2}{\sqrt{1-\dfrac{q^2}{c^2}}}\right\} \quad . \quad . \quad . \quad . \quad (27a)$$

$$\mathscr{E}_k = \frac{m\,c^2}{\sqrt{1-\dfrac{q^2}{c^2}}}$$

图说相对论

陈家乾 著

中国华侨出版社
·北京·

图书在版编目 (CIP) 数据

图说相对论 / 陈家乾著 . — 北京：中国华侨出版社，2020.1（2024.4 重印）

ISBN 978-7-5113-8138-5

Ⅰ . ①图… Ⅱ . ①陈… Ⅲ . ①相对论—普及读物 Ⅳ . ① O412.1-49

中国版本图书馆 CIP 数据核字（2020）第 013073 号

图说相对论

著　　者：陈家乾
责任编辑：唐崇杰
封面设计：冬　凡
美术编辑：李丹丹
经　　销：新华书店
开　　本：880mm×1230mm　1/32 开　印张：8　字数：224 千字
印　　刷：三河市华成印务有限公司
版　　次：2020 年 6 月第 1 版
印　　次：2024 年 4 月第 7 次印刷
书　　号：ISBN 978-7-5113-8138-5
定　　价：46.00 元

中国华侨出版社　北京市朝阳区西坝河东里 77 号楼底商 5 号　邮编：100028
发 行 部：（010）88893001　　　　传　真：（010）62707370

如果发现印装质量问题，影响阅读，请与印刷厂联系调换。

一直以来，你一定会有这样的疑问：不停流淌的时间，是真的摸不着看不见，还是有形状和终点？我们所处的空间，是三维四维还是五维？我们能不能登上时光机，任意穿越时空回到过去和走向未来？

阿尔伯特·爱因斯坦提出的相对论颠覆了我们所熟知的牛顿的绝对时空观，提出了"同时的相对性""四维时空""弯曲时空"等全新的概念，彻底改变了人类的思考方式和对宇宙的传统认识，在科学发展史上具有里程碑式的意义。相对论直接和间接地催生了量子力学的诞生，也为研究微观世界的高速运动确立了全新的数学模型。

没有其他科学家能比爱因斯坦更代表科学的先进性，爱因斯坦的相对论推动了 20 世纪的科技革命，改变了我们对时间、空间、物质、运动等的认知，给我们的世界带来了翻天覆地的变化。而其一系列梦幻般的预言不少已经被证实，包括近年来被探测到的引力波。

本书详细讲述了相对论从最初提出、引起争议，到理论建立，以及进一步扩展和完善为广义相对论，并最终得到证实的历程，立体地展现了爱因斯坦一生的传奇经历和对世界产生的深远影响。在伽利略、牛顿等科学天才相继谢幕之后，超级巨星爱因斯坦闪亮登场。他就像一位横空出世的大侠，无门无派，但出手即震惊天下，而他的绝招就是"相对论"。

书中以大篇幅精辟讲述了狭义相对论和广义相对论的核心内容，同时将近现代物理学的发展脉络和成就加以全景呈现。作者细致地剖析时空的真相，带你领略神奇的四维时空，了解整个宇宙的终极图景，并到原子的深处见识不可思议的微观世界。

本书用简单的语言阐述爱因斯坦的伟大理论，同时也向广大读者展示其蕴含的科学美感。跟随本书，你可以身临其境，进入爱因斯坦的梦境，坐在牛顿的课堂，来到星光实验的现场，近距离探索科学的真相。无论是对相对论感兴趣的普通读者，还是对相对论已有一定了解的人，都可以从中获得启发。

目录

图说相对论

第二篇　广义相对论

第一章　适合任何参考系的相对论

第二章　广义相对论的核心理念

第二章　困扰爱因斯坦余生的统一场理论

图说相对论

第三章　相对论的实际应用和最新验证

绪论：属于爱因斯坦的时空和宇宙

爱因斯坦的时空论

根据物理学家马克斯·玻恩的观点，1905 年 9 月发行的德国物理学刊《物理学年刊》被认为是"整个科学文献中最具纪念价值的一本刊物"。在这本刊物中，当时在伯尔尼担任瑞士专利办公室专利审查员、年仅 26 岁的阿尔伯特·爱因斯坦公开发表了3 篇论文。这 3 篇论文为长期以来被奉为经典的伽利略和牛顿的世界观敲响了葬钟，同时揭示了一直以来被隐藏着的另外一个宇宙。在这个宇宙中，时间、空间、物质、能量、万有引力似乎都在发挥着无法想象的作用。

爱因斯坦认为，世界并非我们原先所熟知的世界，也就是说，时间、速度、空间、位置和物质都是具体的客观现实。这种观点是一种最为理想的解释。我们以时钟记录时间，以汽车或者

◎爱因斯坦

飞机加大移动速度，以一个成套的基本坐标确定我们的位置点并区分出某个物质是否属于固体状态……正如爱因斯坦自己所总结的那样，在日常生活中，"我们所有的思想和概念都是通过感官体验建立起来的，而其特定的意义只限于相应的感官体验本身"。爱因斯坦的理论貌似难以理解的原因在于，这些理论把我们自身的感官体验全部抛开了。

图说相对论

19 世纪和 20 世纪之交，虽然人们已经了解了关于光的更多知识，但是物理学家们对一个问题仍然百思不得其解：为什么所有的光速都是不变的，即使是运动着的物体发出的光也是如此？

　　如果你以每小时 1 千米的速度沿着一条水流速度为每小时 2 千米的河流向上游动，那么你的相对速度其实是每小时 3 千米。如果你只是横穿过这条河流，那么你的速度又回到了原来的每小时 1 千米。19 世纪，科学家也提出了类似的观点，即地球正在穿越虽然看不见但是却客观存在的、流质一样的以太。

　　爱因斯坦则坚持认为，根本没有什么所谓的以太，而且无论作为光源的物体是处于静止状态还是处于运动状态，都不会改变其原来的光速。就光本身而言，这个观点与牛顿的物理学观点完全背道而驰，原因在于根据牛顿的理论，速率必须遵循简单相加的原则。爱因斯坦进一步设想，一个人如果真的以光速行进，那么将会出现奇妙的结果。

　　感官体验告诉我们，任何地方的时间都以同样的速度前进。如果看到一架飞机掠过天空，我们一定会认为飞机上乘客的手表和我们的手表以同样的速度运转。进一步来说，如果我们看到闪电同时在飞机的前面和后面划过，那么我们就会认为飞机上的所有人都会看到同样的画面，因为时间对所有观察者来说都是一样的。爱因斯坦则认识到，所有这些事情要视我们的所在位置和我们（或者观看同一事物的另外一个人）的运行速度而定。

　　如果你把车速控制在每小时 10 千米，那么你的车前灯所发出的光依然以每秒 18.6 万千米的速度向前移动。如果另一个姑娘的车速为每小时 20 千米，那么她的车前灯所发出的光也是以每秒 18.6 万千米的速度向前移动。如果两辆车的速度都无法超过光速，那么它们的速度就等于距离除以时间。这时，能够说明两辆车所发出的光保持不变的速度的唯一理由，就是光所对应的距离和时间发生了变化。

爱因斯坦的理论就是如此陈述的：一个物体运动得越快，那么对于这个物体而言所经过的时间反而越慢。美国自然历史博物馆海顿天文馆的主任尼尔·泰森绘制的一个图形表明，在 25% 光速的情形下，1 秒钟被延长了 0.03 秒。在 50% 光速的情形下，一秒钟被延长了 0.15 秒；而在 99% 光速的情况下，1 秒钟变成了在地球上所经历的 1 秒钟的 7.09 倍。在 99.99999999% 光速的情形下，这时的 1 秒钟则变成了相对于在地球上所经历的 19.6 小时。

这不仅仅是一种抽象的概念，也证明了爱因斯坦的理论能够在一架快速飞行的飞机里被精确地测量出来，而且这一概念已经成为我们在研究各种物体（如速度接近光速的原子粒子）时所必须虑及的一个重要因素。在粒子加速器里，这种粒子的质量可能也会有所增加，而且最为关键的是，以光速运行的物质的质量会倾向于无穷大。虽然爱因斯坦无法接触到这种技术，但是他的理论确实使质量理论以及描述质量与能量关系的理论发生了一些转变。

不久之后，爱因斯坦公开发表了狭义相对论。实际上，就在另一期《物理学年刊》中，爱因斯坦公开发表了广义相对论的雏形。"一个物体的惯性是否依赖于其所含的能量呢？"这个问题仅仅是爱因斯坦具有地震效应的论文中一个非常小的标题，但是这种思想恰恰与认为物质与能量都无法被创造和消灭的理论之间存在很大的出入。

传统理论认为，磁能可以转变成电能，液体可以转变成气体，但是物质和能量之间的守恒定律是神圣不可侵犯的。然而，爱因斯坦却不这么看。他指出，物质与能量相当于一枚硬币的两面。能量能够从物质中衍生而来，而物质也能够从能量转化而来。爱因斯坦甚至还给出了一个对物质和能量之间互换关系进行描述的公式，即 $E=mc^2$。其中，E 代表能量，m 代表质量，而 c 则代表光速。由于光速的平方值是一个巨大的天文数字，其实际值接近 448 900 000 000 000，因此很小的质量就能制造出巨大的能量。

爱因斯坦认识到，居里夫人所研究的镭元素的一部分实际上正在转化为能量形式。我们现在所称的辐射能实际上就是质量被转化为能量的过程，而爱因斯坦的理论可以准确无误地将其测量出来。这个公式的公布直接导致了核裂变技术的发展，而在核裂变的过程中，原子进行分裂是为了能够把它们的质量转化成能量。令爱因斯坦非常遗憾的是，这种技术却被用于制造原子弹。

核裂变甚至可以制造出更为巨大的能量。在太阳中，高强度的热能把氢原子撕裂开来，即把带正电荷的氢核子与带负电荷的氢电子分离开来。这些粒子相互碰撞之后形成了氦原子，4个氢原子正好可以合成一个氦原子。所形成的氦原子的质量要比参加合成的所有氢原子的质量总和小一些，而这个差额部分就变成了核粒子和能量。然而，爱因斯坦的理论又碰到了另外一个问题。比如，如果太阳的万有引力对地球发挥作用，那么这就意味着这个万有引力必须以近1.5亿千米／秒的超级速度进行移动，而这个速度要比光速快得多。由于爱因斯坦已经得出没有任何物质的运动速度会快于光速的结论，因此要么存在某种非万有引力的物质在使地球保持着其运行轨道，要么万有引力并不是像牛顿所认为的那样发挥作用。

　　此外，爱因斯坦还推算出，导致万有引力存在的是在一个质量物体周围所形成的空间扭曲。牛顿的万有引力定律所描述的是万有引力依赖于两个物体之间的距离；爱因斯坦的广义相对论则认为，这种距离会由于物质的空间扭曲而发生扭曲。

　　如果是质量较大的物体，空间扭曲足以使光束在万有引力作用下沿着其所形成的扭曲空间运动。虽然太阳的质量能够达到使光线发生弯曲的地步，但是与那种由恒星塌缩以及恒星质量挤压所产生的空间扭曲相比，太阳的这种级别几乎是不值一提的。在时空被严重扭曲，而万有引力又非常强大的时候，即使是光也无法逃脱，这种加速旋涡便是我们现在所知道的黑洞。

爱因斯坦的狭义相对论和广义相对论改变了物理学家对宇宙的理解方式，同时也改变了人类对宇宙空间的想象方式。爱因斯坦完全清楚自己的理论将会产生什么样的哲学影响。他写道："非数学家在听到了'四维'这个概念的时候，被一种莫名其妙的浑身战栗所侵袭，这种感觉不亚于被某种超自然的玄妙思想所惊醒。但是，实在找不到更加平白直叙的话语来替代对这种思想的表达，因为我们所生存的世界就是一个四维时空连续统一体。"

属于爱因斯坦的宇宙

早在20世纪初，爱因斯坦便开始思考宇宙空间和时间的本质属性，以及牛顿的运动定律和万有引力定律之间是如何互相作用和影响的。1902年，爱因斯坦在瑞士专利局担任初级专利审查员的职务。在认真和仔细地审查每个专利申请的时候，爱因斯坦开始对那些属于不同物理框架的、作为参照物的观察者进行思考。当一个人在移动而另一个人静止的时候，为什么这两个人所看到的效果是一样的呢？

1905年，爱因斯坦向世人宣布他创立了狭义相对论。依照他的狭义相对论的观点，在假定所有观察者的运动是匀速而且是速度相同的前提下，适用于他们的物理定律是完全相同的。让我们设想一下：你现在刚刚坐上一列火车，然后就睡着了。当你醒来的时候，如果往窗外看，那么你将会看到旁边的另一列火车在缓慢地移动。在那种情况下，你无法判断究竟是自己所乘坐的火车启动了还是另外一列正在运行。根据狭义相对论的原理，你是无法找到证据来证明究竟是你所乘坐的火车在动还是另外一列在动的。

所有的运动现象都是相对而言的。我们不可能通过测算物体运动情况的手段来判断另一列火车究竟是处于静止状态还是以匀速进行运动。实际上，这种狭义相对论使静止的概念失去了原有的意义。按照同样的意思，就任何一个观测者而言，对于光速的测量结果肯定会是一模一样的，而不论观测者本身相对于光源做何种形式的运动。

对于在较短距离范围内做低速运动的物体而言，爱因斯坦的理论得出了与牛顿运动定律同样的预测结果。只有在对处于相当高速（接近光速）的运动状态，而且进行远距离运动的物体进行解释时，这两种理论才会得出不同的预测结果。牛顿的理论将空间和时间这两个问题分开来进行处理，但是却将运动和万有引力统一了起来。爱因斯坦的理论（指狭义相对论）则将三维空间和属于第四维的时间统一在一起。

爱因斯坦的狭义相对论还得出了一个把能量、质量，以及光速联系在一起的公式，即 $E=mc^2$。在这个公式当中，E 代表能量，其测量单位为焦耳；m 代表质量，单位为千克；c 代表光速，单位为米 / 秒。根据这一公式，宇宙中所有物质都是一种能量形式，而且所有能量都有质量。

◎阿尔伯特·爱因斯坦最著名的不仅是他辉煌的科学理论，还有他的幽默感。
上图是他于1933年在美国加利福尼亚州圣巴巴拉地区喜形于色地骑着一辆自
行车时的情形。

1915 年，爱因斯坦提出了广义相对论。这一新的相对论解决了处于加速状态下的这一新情形，并对万有引力作出了新的描述和定义。他对牛顿将万有引力概念描述成一种互相吸引的作用力提出了质疑，并提出了另一种定义方法，即万有引力可以使时空发生弯曲。这种弯曲现象统治着宇宙空间中所有物体的自然运动。

　　先将整个时空想象成一个铺在某个框架内的橡胶板，然后在这片橡胶板的中心位置放上一个保龄球，再将时空橡胶板折弯、拉紧再弯曲，使之可以包住整个保龄球。

　　再想象一下将一个高尔夫球在这块橡胶板外的层面上沿一条直线方向滚动的情形。如果滚动的速度足够快，那么这个高尔夫球可能会挣脱保龄球对它的吸引作用。如果球速较慢，这个高尔夫球则一直在围绕这个保龄球滚动，当然这是因为受到了其所产生的约束。如果高尔夫球的速度介于两者之间，则可能会对这个保龄球形成弹弓效应，并以与原有运动路线形成 90 度角（或者其他介乎其间的角度）的轨道继续运行。就是说，物质使时空弯曲，但是时空决定了物质的运动方式。

　　爱因斯坦作出了如下的推测：一个遥远的恒星所发出的光，会在其经过太阳这个庞大球体的时候发生弯曲。天体物理学家亚瑟·斯坦利·爱丁顿爵士决定要证明这一推测。1919 年 5 月 19 日，在西非地区发生了一次日全食现象。在太阳逐渐变暗的过程中，所有的恒星都进入了人们的视线。爱丁顿将在太阳侧翼的所有恒星迅速拍摄下来。接着他对这些图像进行了仔细的观察，并对每颗恒星的位置进行了测量，而所有这些都是为了找到哪怕是一弧秒的位置变化。为了得出有用的结果，爱丁顿需要一张既包括离太阳较近的恒星，也包括离太阳较远的恒星的图。他的运气非常好：那次日全食所发生的天空区域正好可以看到遥远的毕宿星团。在爱丁顿提起这件事的时候，他说："那是到那个时候为止所能遇到的最好不过的星域了。"如果不是这样，可能还需要数年的时间才能证明爱因斯坦的推论是正确的。

爱因斯坦的广义相对论恰好能够在他计算水星轨道的细小偏差时派上用场。约翰内斯·开普勒只知道水星的运转轨道是椭圆形的，但是他并没有猜想过天体轨道的轴心也会发生一种轻微到不易察觉的小幅度运动，即"地轴进动"。天文学家早就发现水星球体的轨道运行速度要比依照牛顿定律所预测的快一些。

爱因斯坦解决了这个问题，他所使用的方法就是计算出太阳质量对于水星球体所在区域所产生的曲化结果值，并且计算出水星通过该区域的精确轨道。爱因斯坦发现，水星球体因为时空弯曲而发生了向前滑动的现象。我们现在知道，其实所有的球体（如金星、地球和小行星伊卡鲁斯等）都会因为在接近太阳时发生时空弯曲而发生向前滑行的现象。爱因斯坦的广义相对论的另外一个推论就是万有引力波（或重力波）。爱因斯坦推断说，以光速发射出来的万有引力在发生作用时是极其微弱的，轻如波浪般的推动。万有引力在时空结构中亦犹如波浪般波动着，它会在物质开始加速、振荡或剧烈颠簸的时候产生一种波纹。作为自然界最为微弱的力量之一，唯一能被探测到的万有引力波就是那些由极度庞大的球体所引发的那种，如巨型中子星、黑洞和超新星等近双子星星系。

第一篇

狭义相对论

第一章
相对论诞生的科学土壤

牛顿的力学定律

描述物体运动的三大定律是伊萨克·牛顿最著名的成果，这一成果不仅为后来物理学与力学的发展奠定了重要基础，同时也是爱因斯坦相对论研究的出发点。那么这些定律的内容是什么，有什么含义？

牛顿三大定律的内容：

• 牛顿第一定律——运动中的物体有保持运动的趋势。

• 牛顿第二定律——物体所受力的大小等于它的质量和加速度的乘积。

• 牛顿第三定律——力和反作用力。

牛顿第一定律

牛顿第一定律称，如果一个物体以某个速度做直线运动，那么它将保持这种运动，直到受到外力的推、拉等影响为止。

假设街上的某个行人无意中踢了一个球，该球会不会永远滚动下去？答案显然是否定的。根据日常经验，滚动的球会由于碰到手杖、岩石、沙砾或其他障碍物而减慢速度，直至最终静止。

假设球在光滑的平面上滚动，比如保龄球的球道，那么它会不会永远滚动下去？答案还是否定的。现实环境中总会存在一些降低球滚动速度的外力，观测者能否觉察这些力则是另外一个问题。这些阻碍球运动的力包括地面的摩擦力（不论地面如何光滑，摩擦力总是存在的，只是在大小上有所区别）和空气阻力。

牛顿第一定律在何种条件下才能得到验证？对于它的证明只存在于理论中，换言之，牛顿第一定律只在理论上成立。如果一个在真空环境中滚动的球没有受到任何外力作用，它将一直保持这种运动状态。上述思想也暗示了一种相反的情况——如果一个物体是静止的，它将保持静止状态直到它受到外力的作用为止。在户外环境中，一个静止的球最终会因为受到风或路面倾斜的影响而产生运动。

牛顿第二定律

牛顿第二定律认为，如果一个物体受到外力的作用，那么它将沿着力的方向产生加速运动。如果一个球被某人踢了一脚，它将会沿着受力的方向滚动。这个道理显而易见，甚至孩子们都懂得这一点。但牛顿是历史上第一位用数学语言描述物体运动与受力之间的关系并把它们系统化的科学家。

牛顿在他的第二定律里还称，物体运动加速度的大小与所受外力的大小成正比。踢球所用的力量越大，球就滚动得越快。这个定律的一个推论是物体运动加速度的大小与它的质量成反比。这个推论的含义是，如果要让质量一大一小的两个球以同样的速度滚动，需要用较大的力去踢那个质量大的球。比如，某个人需要用比踢沙滩水皮球更大的力量去踢一个篮球，因为虽然这两类球大小相近，但篮球的质量却大得多。

牛顿第三定律

牛顿第三定律认为，每一个力都存在一个大小相等、方向相反的反作用力。根据这个逻辑，在受到外力作用的时候，所有的物体都会产生反抗力。那么，当某人踢球的时候，是不是意味着球也会踢人？事实并不完全是这样。根据牛顿第一定律，球并不希望被踢，它宁愿保持静止。然而球在被踢的一瞬间确实产生了反抗力——这就是大家在用力踢球的时候会感觉疼痛的原因。

经典物理学

牛顿提出的运动学定律、万有引力理论，以及他关于空间和时间的思想为后来的物理学和力学经典理论奠定了坚实的基础。他认为世界万物都有明确的因果关系，并用简明的语言揭示出隐藏在复杂现象之后的规律，这也代表了科学发展的一种进步。

然而，随着测量方法和手段变得越来越先进，牛顿关于时间与空间的理论的不足也越来越明显。最终，爱因斯坦的相对论彻底改变了牛顿建立的理论框架。

牛顿的困惑

亚里士多德相信一种优越的静止状态，即在没有任何外力或冲击的时候物体都保持静止状态。牛顿定律却告诉我们，并不存在唯一的静止标准。

根据牛顿定律，静止是相对的。通常，这样的两种表述是等价的，即物体 A 静止，物体 B 以恒定的速度相对于物体 A 运动；或者物体 B 静止，物体 A 以恒定的速度相对于物体 B 运动。那么，在暂时忽略地球的自转及它绕太阳公转的前提下，我们可以说地球是静止的，一辆电车以 30 千米 / 小时的速度正向西运动；或者说电车是静止的，地球正以 30 千米 / 小时的速度向东运动。以这个情况为基础，假设此时有人在电车上做有关物体运动的实验，那么牛顿定律仍然成立。

试想一下这个场景：你被封闭在一个大箱子里，但你不知道这个箱子是静止放在地上还是放在一个运动着的火车上。此时，如果按照亚里士多德的观念，物体都倾向于静止，那么箱子肯定是静止的。但如果按照牛顿定律，在箱子里做一个实验，结果又如何呢？我们都有过这样的体验，在运动着的火车上打乒乓球，其结果和在静止的地面上打是一样的。那么，如果你在箱子里打球，无论箱子是静止还是正以某种速度相对地面运动，球的运动都是一样的。也就是说，你无法得知究竟是火车还是地面在运动，这说明运动的概念只有当它相对于其他物体时才有意义。

事实上，缺乏静止的绝对标准意味着，我们无法确定在不同的时间发生的两个事件是否发生在空间相同的位置上。

为说明这一点，我们仍以火车上打乒乓球为例。假设一个人在行进的火车上打乒乓球，让球在 1 秒的间隔中两次撞到桌面上的同一点。那么，对他而言，球第一次和第二次弹跳的位置是相同的，空间间隔距离为0。可是，同样是这个过程，对站在铁轨旁的人来说，因为火车在弹跳期间沿着铁轨行进了40米，所以他看到的两次弹跳的空间距离似乎就隔了40米那么远。所以说，对不同运动状态的人来说，物体的位置、它们之间的距离以及运动状态都有可能是不同的。这个结论直接否定了绝对空间的概念，使笃信上帝的牛顿十分困惑，他甚至拒绝接受这个从他自己的定律中延伸出的结论。

当然，在牛顿定律及以上结论的基础上，百年后爱因斯坦提出了更为大胆的理论，不但否定了绝对空间，还进一步否定了绝对时间的概念。在相对论中，爱因斯坦提出，事件之间的时间长度，与乒乓球弹跳点间的距离一样，也会因观察者的不同而不同。也就是说，绝对时间也是不存在的。可以想见，对此结果，曾经困惑的牛顿会更加困惑。但无论如何，科学理论只有经过不断革新和发展，才能更加完备。

"马赫法则"

恩斯特·马赫是另外一位对19世纪科学发展作出重大贡献的科学家。他在哲学和科学方面的研究为爱因斯坦建立相对论的基本框架奠定了重要基础。马赫是一位奥地利科学家，信奉实证主义学派，认为人们通过感知和具体的物理形态理解物体。

实证主义思想隐含了时间与空间的相对性，尽管与当时的主

图说相对论

流观念背道而驰，但对爱因斯坦却产生了重大的影响。马赫对牛顿学说中关于空间和时间概念的质疑，成为爱因斯坦后来假设时空相对性的背景。

马赫还广泛研究了包括波的动态特性和光学在内的很多领域。他早期的研究对当时还处于发展中的声学领域作出了重要贡献。1845 年，克里斯汀·多普勒提出了多普勒效应的概念。在研究多普勒效应的时候，马赫对这些领域的兴趣都被综合到了一起。

其主要思想是，移动波源产生的某种恒定频率的波，在静止的观测者看来，其频率是变化的（换言之，波长是变化的）。一个最能表现这种效应的例子是火车的汽笛声，当火车驶近时，一个静止观测者听到的汽笛声调会越来越高；而当火车远去时，声调则越来越低。不论是从物理学的角度还是从感知的角度，马赫总是对这些现象充满了兴趣。他还研究了一些当时尚未被注意的领域，如超声波的速度等。

马赫的研究还建立了一种新的惯性理论。牛顿学派坚持的惯性理论认为，静止的物体有保持静止的趋势，直到它受到外力的作用为止。马赫的研究为揭示惯性的本质提供了另外一个视角：惯性只与相对运动有关，而与绝对运动无关。马赫认为惯性是该物体与宇宙中其他物体的相对关系，后来爱因斯坦称这种思想为"马赫法则"。这些思想对爱因斯坦和他的相对论研究产生了巨大影响，特别是爱因斯坦提出的相对坐标系的概念，在其中不存在绝对静止的参考坐标系。

对电学的早期研究

电学的发展历史悠久。早在公元前 600 年，古希腊科学家就发现琥珀等物体通过相互摩擦会产生奇特的效应。后来，科学家又做了许多电学和磁学的实验。17 世纪，有关电特性的知识开始系统化，电学的研究取得了许多重大进展，第一次把电荷分为正电荷和负电荷。

18 世纪，电学领域取得了巨大的成就。1729 年，史蒂芬·格雷发现了电传导。约瑟夫·普里斯特利与查理·奥斯汀·库仑对电荷之间的作用力进行研究并取得了重大进展。18 世纪末，亚历山大·瓦特发明了电池。

米歇尔·法拉第对 19 世纪的电学发展作出了巨大贡献。早在少年时代，法拉第就开始进行一些电学实验，同时还学习化学和其他学科的知识。1821 年，他发现了电磁场产生的机理，从而开创了电磁学。根据电磁场理论，所有形式的波都属于电磁波，包括无线电波和 X 射线。可见光也是一种电磁波，其能量落在电磁波频谱范围之内。

当时法拉第建造了世界上第一台电动机，这个装置包括一个磁棒和缠绕着它的线圈，给线圈通电就能使这个装置产生运动。19 世纪 30 年代是电磁学发展史上的里程碑，因为在这期间法拉第揭开了电磁感应现象的神秘面纱。他发现磁铁的运动能够产生

图说相对论

电流，这种产生电能的新方法后来改变了全世界电厂的运作机制。法拉第的研究为以后詹姆斯·麦克斯韦的工作奠定了基础，后来麦克斯韦的理论又被爱因斯坦驳倒。

赫兹的光电实验

19 世纪，科学家们发现当一块金属被光照射时，金属表面会吸收一部分光照的能量并激活金属内部的一些电子，当这些电子吸收的能量超过了一个阈值时，它们甚至会脱离原子的束缚从金属表面逃逸，这个过程被称为光电效应。

赫兹对电磁波的研究

19 世纪的许多科学家都研究过光电效应，其中包括海因里希·赫兹与菲利浦·雷奥那多。在 1865 年发表的电磁场理论中，麦克斯韦第一次揭示了可见光的本质是电磁波。当时的很多科学家根据他的理论设计了实验，并希望能够探测到电磁波的存在。1886 年，赫兹首次成功利用一个电子装置产生并探测到了电磁波。在实验过程中，他还意外地发现了光电效应。

赫兹的实验装置非常简单。发射部分由两个黄铜做的电极和连接它们的圆形线圈组成，给线圈通电后，在电极之间会产生电火花，这时两个电极之间就形成了一个导电通路。电荷会在两个电极之间来回振动，在这个过程中就产生了电磁波。探测电磁波的装置是一根铜导线：一端弯曲成一个圈，另一端不作处理，把整根导线弯成手掌大小的圆圈，使两端互相非常靠近。

如果发射装置与接收装置的设计正确（发射装置与接收装置产生的电流周期相近），在接收装置的两端之间就会产生电火花。由于这两端之间的距离大约有百分之一毫米的数量级，所以接收装置产生的电火花非常微弱。通过这组实验装置，赫兹能够在发射装置与接收装置相距17米时探测到电磁波辐射。麦克斯韦的电磁波理论从而得到了实验的验证。然而，当他改进了实验装置并准备再一次探测时，却遇到了奇怪的现象。

麦克斯韦和他的方程组

詹姆斯·麦克斯韦，苏格兰物理学家、数学家，从小就是一个好奇的孩子，喜欢探究自然现象的成因。他广泛阅读了牛顿的著作，在14岁时就推导出了几何形状方面的数学公式。

麦克斯韦继承了法拉第在电磁学定义方面的研究成果，并于1856年发表了一篇名为《论法拉第的力线》的论文。在这篇论文里，他运用数学工具分析了法拉第的理论（数学从来不是法拉第的强项），并发现了电磁场的概念是电磁学的核心。这是麦克斯韦对法拉第的研究成果所作出的重大拓展。

麦克斯韦认为电磁场主要有两种存在形态：静态电磁场与交变电磁场。静态场的场分布相对场源始终有界，通直流电的导线附近产生的磁场就是一种典型的静态场，它会像波浪一样向外传播。无线电波、γ射线、X射线与微波都属于交变电磁场，并且都以光速传播。

◎麦克斯韦

　　麦克斯韦对科学最主要的贡献之一在于他发现了光、电、磁是一些相互关联概念的不同表现形式。为了描述电与磁之间的相互关系，麦克斯韦建立了一个形式复杂、难以理解的偏微分方程组（又被称为麦克斯韦方程组）。它描述了电磁场的性质，体现了电荷、密度与电场之间复杂的相互联系。

麦克斯韦的方程组如下（宏观描述形式、偏微分方程、米·千克·秒的单位制）：

- 电荷密度和电场分布：$\nabla \cdot D = \rho$
- 磁场的结构：$\nabla \cdot B = 0$
- 交变电磁场：$\nabla \times E = -\partial B / \partial t$
- 磁场的产生：$\nabla \times H = J + \partial D / \partial t$

H＝磁场强度　　　　B＝磁感应强度

J＝电流密度　　　　t＝时间

ρ＝电荷密度　　　　∇＝偏导（一种求偏导数的数学符号）

D＝电位移矢量　　　E＝电场强度

麦克斯韦定义的电磁学成了相对论的序曲，其中互相矛盾的部分最终导致了爱因斯坦理论的形成。然而，爱因斯坦对麦克斯韦理论中一些根本性的问题也进行了深入的思考，光就是其中的一项。在麦克斯韦理论中，光是一种以某种恒定速度运动的波。当时，在这个备受质疑的新领域里，光速的精确值是非常值得探讨的。所以后来爱因斯坦提出了光速如何定义的问题（也就是光速应该相对什么来定义），其相对的概念也在这个基本问题上得到了确立和发展。

无法解释的实验结果

为了能够更清楚地观察产生的电火花，赫兹决定把整个接收装置放进一个不透光的暗箱里。然而奇怪的事情发生了，与赫兹的预料恰恰相反，产生的电火花不但不能被更清楚地观测，反而变得更加微弱了。赫兹对这一现象进行了仔细分析，试图找出产生这种现象的原因。

赫兹认为，如果对发射装置产生的电火花进行屏蔽，那么接收装置将不会产生电火花。一块玻璃或者一个屏蔽套就能达到屏蔽电火花的效果，同时还能隔绝一部分电磁波的传播。但当用一块石英作为屏蔽层隔绝发射装置产生的电火花时，他惊奇地发现并没有达到预期的效果。

后来，赫兹认为实验失败的原因是发射装置产生的电火花能够产生比可见光的波长更短的紫外线。1887 年，赫兹公布了他的实验观测结果，但他并没有给出合理的解释。

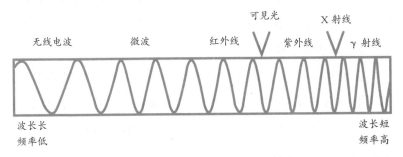

◎电磁波的波谱：波长越短，频率越高。

汤姆森发现电子

在 1897 年发现电子之前，光电效应一直没有得到合理的解释。1888 年，威廉·豪尔沃克斯设计了一个更简单的方法再现赫兹的实验结果。当一个带负电荷的盘子受到紫外线的照射时，盘子上的电荷很快就消失了；而当一个带正电荷的盘子受到紫外线照射时，盘子上的电荷并不会消失。豪尔沃克斯对这种现象也无法作出任何解释。

1897 年，汤姆森研究了神秘的阴极射线。研究的结果显示，阴极射线是由带负电荷的微粒组成的。当他用实验测定这些微粒的质量和它们所携带的电荷的比例时，其数值高得让人吃惊。也许是因为这些微粒微小得难以置信，大概只有氢原子的 0.1%；或者是它们携带了大量的电荷。后来，菲利浦·雷奥那多与其他科学家的实验结果表明，这些尚未明确的微粒非常微小。由于发现了电子，汤姆森被后人誉为"一位最先打开通向基本粒子物理学大门的伟人"。他因发现电子、对气体导电理论和实验的研究所作出的贡献而荣获 1906 年的诺贝尔物理学奖。

比原子更小的微粒

在 1897 年之前，科学界普遍认为原子是构成世界的本原，不可能对原子再进行分割。汤姆森与其他科学家的实验结果表明世界上存在比原子更小的微粒，连原子也由它们构成。这是科学家们第一次发现比原子更小的物质存在。

这些携带负电荷的微粒被命名为电子。后来，汤姆森的学生卢瑟福的实验表明，原子由一个巨大的带正电荷的原子核与围绕其旋转的数个带负电荷的电子构成，而原子核又由质子和中子组成。

电子的逃逸

让我们回顾一下光电效应的研究历史。1899 年，汤姆森通过实验证明，金属在紫外线照射下逃逸出来的微粒与阴极射线里发现的微粒完全相同。后来，人们知道光电效应中从金属表面逃逸的微粒就是电子。从此，科学界又有了新的研究方向：实验结果是如何随着光照强度与照射光的波长的改变而变化的。

雷奥那多的光电效应实验

从 1902 年开始，在赫兹研究成果的基础上，菲利浦·雷奥那多对光电效应进行了更加深入细致的研究。当时，科学家们对光电效应的理解是，当金属受到可见光或者其他电磁波照射时，原本被束缚在金属表面原子中的电子由于电磁波的激发而产生振动，当振动达到一定强度，部分电子就可能从金属表面原子的束缚中挣脱出来并从金属表面逃逸。实验表明，根据照射到金属上的光的亮度与颜色的不同，整个过程中逃逸的电子数量与它们逃逸时具有的能量会发生变化。明亮的光比暗淡的光具有更大的能量，因而科学家们认为随着实验中照射金属的光照强度的增加，从金属表面逃逸的电子的初速度会增加，逃逸电子的数量也会上升。

同样，颜色与光的频率（或者波长）有关系，所以实验中使用的光的颜色非常重要。电磁波谱中靠近紫色光区域的那部分可见光，比其他区域的具有更高的能量，科学家们由此推断，用它们做实验时，逃逸电子的数量和它们所具有的初始能量都会更大。

雷奥那多进行了一系列的实验，测量了不同光照强度下逃逸的电子数量。他发现，为了能让电子从金属表面逃逸，实验中使用的光源必须具有足够的强度，低于这个强度的光照就无法产生光电效应。然而，当实验中的光照强度增加后，尽管逃逸电子的数量确实增加了，但它们逃逸时所具有的平均能量却没有提升。举个简单的例子，如果他把实验光照强度增加到原来的2倍，将会有2倍数量的电子发生逃逸，但它们的最高初始能量与平均初始能量都维持不变。

雷奥那多还用不同颜色的光做实验。他发现改变照射光的颜色会影响电子逃逸时具有的初始能量。当他用频率更高、波长更短的光照射金属时，逃逸的电子会具有更高的初始能量。

光的波粒二象性

在当时，光的波动模型假设是科学界所公认的。根据该模型，雷奥那多的观测几乎没有任何意义。19世纪，科学界认为光的本质是一种波。虽然以前有一些科学家也提出过光可能由粒子构成的假设，但1803年英国科学家托马斯·杨的著名的双缝干涉实验表明光具有波的特性。杨的实验装置里包括一块金属片，上面刻有一定间距的两条平行细缝。实验时，远处电灯发出的光会穿过金属片上的平行细缝，并在屏幕上形成波所特有的干涉条纹。

光的波动说与粒子说

如果光是由粒子构成的，那么实验观测者将会看到穿过细缝的光在屏幕上留下粒子的形状。然而，杨的实验结果显示出相互

◎这张图给出了波粒二象性的一个完美的解析。从一种角度来看这是一具头骨，但从另一个角度看却是两个喝酒的人。你始终能够看到其中的一种，但不能同时看到两个——它不是一种就是另一种。

干涉的特性，类似于声波的相互抵消。在屏幕的某些地方，从两个平行细缝穿过的光互相增强，产生了明亮的条纹；而在另一些地方，两束光互相抵消，产生了黑暗的区域。那些认为光是由粒子构成的科学家无法解释杨实验中的相互干涉现象。一旦杨的实验被验证，光是一种波的概念就可以确立了。

来自雷奥那多实验的矛盾

如果光确实如同当时科学界认为的那样是一种波，那么就没有办法解释雷奥那多的实验结果。波所具有的能量应该与它的振幅或者强度成正比，而与频率或者波长无关。根据光的波动模型说，不同颜色（频率）的光不可能改变光电效应中逃逸电子的情况，只有不同密度或者亮度的光才能够产生不同的结果。如果用具有光照强度相同的红光与紫光分别进行实验，应该产生相同数量与初始能量的逃逸电子。然而，根据雷奥那多的实验结果，不同颜色的光会导致逃逸电子的初始能量不同，波长短、频率高的光，比如紫光或者紫外线会产生能量更高的逃逸电子，而波长较长、频率较低的光产生的逃逸电子能量较低。

同样，根据光的波动模型说，随着照射光强度的增加，逃逸电子的数量与其平均初始能量（最大初始能量）也会随之增加。但雷奥那多的观测结果再一次与预期结果相矛盾。在实验中，随着照射光的强度的增加，逃逸电子的数量确实增加了，但逃逸时的初始能量并没有任何改变。

简单地说，雷奥那多无法根据已有的结论解释他的实验结果。这种理论与实验之间的矛盾使雷奥那多（由于其在阴极射线方面的杰出成果，他获得了 1905 年的诺贝尔物理学奖）感到十分迷惑。在 1905 年爱因斯坦的论文发表之前，没有任何一位科学家能够解释这种现象。后来，爱因斯坦因为这方面的贡献而获得了诺贝尔物理学奖。虽然爱因斯坦解决了这个难题，但雷奥那多却一直耿耿于怀，他认为爱因斯坦夺走了本该属于他的荣耀。

第二章
狭义相对论呼之欲出

普朗克奠定的基础

马克斯·普朗克是一位德国物理学家，他的父亲是一位法律学教授。经过几年的学术积累，普朗克于 1879 年获得了博士学位。他早期的学术研究主要集中在熵、热动力学与辐射这几个领域。黑体辐射，是指受热的固体产生的对外辐射，普朗克最重要的贡献就是在研究这个领域的过程中取得的。当时的物理学模型无法解释黑体辐射现象，普朗克提出了一种对黑体辐射的解释。

普朗克常数

普朗克认为，建立受热物体向外辐射电磁波的波长和这种电磁波所携带的热量之间的对应关系，这是解释黑体辐射现象的关键所在。通过假设物体对外辐射的能量是一份份确定大小的量子，也就是辐射的能量是离散的，普朗克成功地解释了黑体辐射所引起的奇怪的实验结果。在 1900 年该领域的研讨会上，他把辐射能量和电磁波频率之间的关系总结成了一个方程式，还定义了一个常数因子使方程的左右两边相等。后来人们为了纪念他，就把这个常数称为"普朗克常数"。

之前，麦克斯韦和其他科学家都认为辐射是一种连续过程，

图说相对论

◎普朗克

并且可以对外发出任意大小的能量，普朗克推翻了这种观念，从
而彻底改变了人们思考物理学的方法与角度。他提出的思想过于
超前和新颖，以至于人们对它和物理学发展现状之间的脱节感到
非常害怕，但后来科学发展的历史证明了普朗克理论的正确性。
此外，爱因斯坦解释光电效应的工作和玻尔在原子结构方面的研
究都离不开普朗克的研究成果。普朗克为物理学的发展作出了巨

大贡献，并因此获得了 1918 年的诺贝尔物理学奖。

普朗克和爱因斯坦

爱因斯坦的研究和普朗克的工作有很大的重合性。普朗克揭示了能量是一份份离散的，并且每份能量的大小与电磁波的频率（或者波长）相关。这个研究结果成为爱因斯坦在光电效应领域工作的重要基础。波粒二象性对他们以后的研究同样产生了巨大的影响，而这些研究又进一步增进了人们对电磁波辐射的认识。普朗克和爱因斯坦一起革新了 20 世纪的物理学。

黑体辐射

在 1905 年 3 月提交的第一篇论文中，爱因斯坦解决了在解释光电效应时存在的矛盾。根据他的解释，光具有波与粒子的双重特性。马克斯·普朗克解释了黑体辐射的原理，爱因斯坦的工作就建立在这一理论基础之上。

热量与颜色

1900 年，解释黑色物体产生辐射的原因是物理学家们试图解决的难题之一。当一个物体受热，它就会对外产生辐射。实验物理学家们研究了这种辐射的特性，并努力把辐射的能量与对应的波长联系起来。

物理学术语"黑体"指能够吸收所有照射在其上面的光的黑色物体。浅色物体会把照射在它上面的大部分光反射出去，其温度基本不会上升；而黑色物体由于能吸收绝大部分照射在它上面的光，所以它本身的温度会上升。在烈日炎炎的夏季，穿黑色衣服的人会感觉更热一些，就是这个原因。黑色汽车的内部温度比白色汽车的内部温度高，这是另一个常见的例子。

当一个黑色物体吸收了太阳光以后，其吸收的电磁波辐射会使该物体内部原子的振动速度加快。这些振动又把能量传给了电子，电子吸收不了的能量则以热的方式从物体表面散发出去。科学家们研究了加热到一定温度的烤炉向外辐射的热量，并且测量了不同频率上辐射的能量。通过实验，他们发现单位面积上向外辐射热量的功率与温度的 4 次方成正比。

紫外灾变

当受热物体向外辐射时，其辐射热量的分布会在某种波长的区域产生一个尖峰，这个尖峰的位置与温度有关。一个温度较高的烤炉辐射的热量会在波长更短的位置产生这个尖峰，而另一个温度较低的烤炉辐射所产生的尖峰在波长较长的位置出现。燃烧的蜡烛也会产生类似的现象：蜡烛火焰靠近灯芯的区域的温度最高，火焰的颜色是蓝色或者紫色；蜡烛火焰的外部温度较低，火焰的颜色呈黄色或者橘红色。

烤炉向外辐射的能量大小与烤炉内部电磁波的自由度的大小相关。根据经典的波理论，随着频率的升高，波的自由度也在增加。按照这个结论，烤炉会在更高的频率辐射出更大的能量。换言之，越靠近紫外线的区域（电磁波的波长越短的区域），会对应有更多的辐射能量。

然而，实验结果显示，烤炉对外辐射的能量分布在某个波长出现一个尖峰，辐射中高于这个频率的能量反而更低。受热物体对外辐射的能量为何不随着电磁波频率的增大而增大，在紫外线的区域直至趋向无穷呢？科学家们无法对此做出解释，这种实验与理论间的矛盾被称为"紫外灾变"。

普朗克的量子概念

1900 年，普朗克针对黑体辐射现象提出了一种解释方法。他认为，受热烤炉中振动的粒子并非像波一样连续地向外辐射能量，而是离散地向外辐射一份份的能量。普朗克把这一份份的能量称为"量子"。物体对外辐射的每一份能量的大小与电磁波的频率相关，换言之，在频率越高、波长越短的时候，每一份所包含的能量也就越大。

物体辐射的能量为什么在某个频率出现峰值，而不是随着频率增加呢？普朗克的理论对此给出了合理的解释。随着辐射能量频率的增加，粒子对外发射的每一份能量也就越大。然而在一定温度下，这种包含足够大的能量并能整份发射的粒子的存在概率非常小。普朗克发现，量子包含能量的大小与频率是一种线性关系：$E=hf$，h 是一个物理学上的新常数，并被称为"普朗克常数"。

尽管这个理论能够很好地解释实验结果，但普朗克却没能对这一理论进行实验论证。除此之外，普朗克的理论还与麦克斯韦的电磁场公式矛盾，所以其他的科学家对这一理论都持怀疑态度。根据经典的电磁波辐射理论，辐射能量不可能是一份份离散的，而只可能是以一种连续的方式存在。基于上述种种原因，普朗克的理论最初并没能得到足够的重视与支持。

爱因斯坦的原子理论和运动理论

1905 年，爱因斯坦发表了一篇名为《分子热运动论所要求的平静液体中悬浮粒子的运动》的文章。概括而言，爱因斯坦用这篇文章阐明了一种有关热的来源的新理论，并用该理论解释了显微镜下观察到的微粒随机运动的原因。他在这方面的工作还产生了一个意想不到的结果，那就是圆满解释了布朗运动产生的原因。

物质的原子理论

为了理解爱因斯坦的研究目的，首先，我们必须了解物质的原子理论。在很久以前，人们就认为物质由很多肉眼看不到的微小微粒构成。

在现代，丹尼尔·贝努里率先提出分子是由许多快速运动的粒子组成的。1738 年，他开始对这个课题进行研究。贝努里认为，气体中存在很多快速运动的粒子，这是气体产生压力的原因，就像气球由于气体压力的作用而发生膨胀一样。但是，当时的大部分科学家都不同意贝努里的观点，他们认为气体由大量被以太束缚在固定位置上的微粒组成。

热运动学

直到 1859 年詹姆斯·麦克斯韦研究这个问题以后，这种局面才得以扭转，物质是由原子构成的理论开始逐渐形成。麦克斯韦总结了一套系统研究热运动学的新方法，他意识到贝努里的观点（把气体中的原子看作相互间发生弹性碰撞的微粒）具有突出的优势，而如果用牛顿的力学定律研究热运动问题则会与实验结果产生非常多的矛盾。

麦克斯韦认为，在一个密闭容器中的气体由均匀分布的很多微粒构成，并且这些微粒所具有的速度满足某种分布。一种典型的速率分布情况是，大部分微粒的运动速率等于某个平均速率，只有少量微粒的运动速率高于或者低于这个平均值。同时，气体的温度与微粒的运动速率的分布情况相关。

玻耳兹曼提出熵增论

路德维希·玻耳兹曼把麦克斯韦对气体微粒的速率分布假设推广到了更大的系统。他把系统的热力学特性，特别是把熵（对系统有序程度的一种描述）与微粒速率分布的统计学本质联系到一起。玻耳兹曼还计算了具有不同能量的系统在某个温度下达到热力学平衡的概率。

玻耳兹曼的主要贡献在于他将微观世界的原子和日常生活中的物质联系起来。他的理论向人们揭示了在宏观尺度下，原子与分子的微观行为是如何产生能够使肉眼识别的影响的。

玻耳兹曼研究工作的一个重要结论是不可逆性。在牛顿的力学体系中，所有事件在时间上都是可逆的。然而，在研究微观表现与系统熵的过程中，玻耳兹曼认识到可逆性并不是普遍存在的。尽管从理论上讲，一个有复杂现象的系统演变成一个简单、同一的系统是可能的，但在实际中这种演变发生的概率接近于零。

我们可以举一个简单的例子来说明这种情况是不可能发生的。假设有一个房间，通常情况下，空气分子会均匀分布在房间的每个角落。然而，所有空气分子都自主地集中到房间的一侧，从而使人所在的另一侧空间成为真空，这种可能性也是存在的，只不过这种情况发生的可能性是如此微小以至于我们可以认为根本不可能发生。所以，根据概率定律，熵只会随着时间的推移而增加，而且这种效应是不可逆的。

爱因斯坦对布朗运动的解释

在1905年发表的一篇文章中，爱因斯坦从热的分子运动学角度揭示了显微镜下悬浮在液体中的颗粒产生布朗运动的原因。爱因斯坦的解释与其他科学家的解释截然不同。他认为，显微镜所观测不到的微小液体分子的运动才是固体颗粒产生布朗运动的原因。

在总结了麦克斯韦与玻耳兹曼对气体分子运动学的研究成果后，爱因斯坦提出了上述观点。他指出，气体分子的热运动使体积较小的它们与显微镜下观察到的大颗粒不断发生碰撞。尽管由于体积微小，显微镜无法观测到气体分子（或者水分子），但它们对显微镜下可以观察到的较大颗粒施加了影响，这间接证明了这些分子的存在。由于它们对颗粒的不断碰撞，使后者产生了连续的随机运动。这就是令人迷惑的布朗运动的本质。

位移

爱因斯坦研究布朗运动的方法非常巧妙。与其他科学家那种用经典的牛顿运动定律分析微粒的每一次运动不同，他把运动考虑为系统内部作用的结果。在传统的方法中，科学家们总是试图跟踪记录单个颗粒的运动速率和运动方向，但颗粒的运动路径变化很快，而且非常复杂。由于科学家使用的是非常简单的显微镜，并用人工记录所观测的结果，所以连续记录某个微粒的运动路径很快就会变成不可能完成的任务。这也是上述方法存在的最大问题。

在其运动过程中，颗粒的速度发生了巨大的变化，所以产生的运动轨迹也非常复杂。爱因斯坦决定，不采用颗粒每次运动的速率和方向作为方程的参数，而用连接微粒运动的起始点和终点的位移来描述它的运动。显然，如果运动的情况加剧，那么微粒运动产生的平均位移就会增大（某个微粒运动的位移可能会比较小，但由于微粒产生的是随机运动，所以平均位移还是会增大）。

平均自由移动距离

随着观测时间的增加，爱因斯坦观察了微粒运动的平均位移的变化情况。如果观测时间增加为原来的 4 倍，那么微粒随机运动产生的平均位移将变为原来的 2 倍，以此类推。通过分析上述

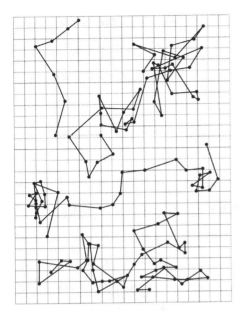

◎佩兰观察到的布朗运动

佩兰每隔30秒记录一次溶液中3个乳香颗粒的位置，然后用直线把它们连接起来，显示其运动状况。

观测结果，爱因斯坦认为他能够计算这些微粒的平均自由移动距离。这种距离是时间的函数，表示某个微粒在两次碰撞之间运动的平均距离。

在研究布朗运动时，爱因斯坦大胆结合了来自物理学领域的不同思想，其中包括运动理论、原子理论和流体力学。爱因斯坦的研究结果为物质是由原子和分子组成的观点奠定了坚实的理论基础。他的研究也揭示了，虽然微粒非常微小，以至于借助显微镜也无法对其进行直接观测，但它们的运动却可以使颗粒产生显微镜下可见的随机运动。

受到爱因斯坦在布朗运动和其他运动理论领域的研究成果的

激励，让·巴蒂斯特·佩兰设计了实验去验证爱因斯坦的理论预测结果。在进行这些实验的时候，佩兰同时证明了物质是由不连续的原子和分子组成的，这个成果使他荣获了1926年的诺贝尔物理学奖。

扩散

爱因斯坦对布朗运动的研究中也引入了一种研究扩散现象的新方法。一滴墨水滴入水中是最常见的扩散的例子。当墨水刚滴入水中时，墨水分子紧紧地聚合，在水中形成一个深色的小圆团；随着时间的推移，即使不对水进行搅动，墨水分子也会慢慢地分散到水中，圆团会逐渐变大，但其颜色越来越淡；最后，墨水分子完全平均地分散到水中，原来的深色墨水圆团也就彻底消失了。

爱因斯坦认为，布朗运动和扩散现象具有相同的本质。根据产生扩散的微粒的半径和其他一些物质特性，爱因斯坦甚至计算出了某种物质的扩散系数（单位时间内一种物质扩散到另一种物质中的比率）。这些研究成果发表在1906年出版的论文《有关布朗运动的理论》中。

测定分子的大小

爱因斯坦在1905年发表的最后一篇有影响力的文章实际上是他的博士毕业论文。这篇论文于1905年8月出版，题目为《分子大小的新测定法》。在这篇文章中，爱因斯坦阐明了如何计算分子的大小和阿伏伽德罗常数。根据后来的统计数据，在随后的几年中，这篇文章是爱因斯坦所有发表论文中被引用次数最多的。

在这篇论文中，根据糖在水中的扩散实验结果，爱因斯坦计算出了糖分子的大小。这个计算结果显示，糖分子的直径只有1纳米（十亿分之一米）。爱因斯坦的研究结果还显示，当糖在水中溶解的时候，有一部分糖分子实际上附着在了水分子上。这一前所未有的新发现引起了科学界的极大关注。

爱因斯坦的博士毕业论文只有17页。最初，由于篇幅太短，该论文没有通过，后来爱因斯坦添加了一句话后再次递交，最终被他的导师和苏黎世综合技术学院接受。

阿伏伽德罗常数

在《分子大小的新测定法》中，为了描述在一个连续媒质中的突出球面的黏性和扩散系数，爱因斯坦建立了相应的表达式。运用这个表达式并结合糖在水中的稀释实验数据，爱因斯坦计算出了阿伏伽德罗常数的值，这个结果与当时公认的数值非常接近。

阿伏伽德罗常数是指1摩尔物质中所包含的分子数。阿伏伽德罗常数是以化学家阿莫迪欧·阿伏伽德罗的名字命名的。他是第一位提出组成物体的基本微粒也有质量的科学家。事实上，阿伏伽德罗并没有测定阿伏伽德罗常数的具体数值，但为了纪念他的贡献，后人把这个常数用他的名字来命名。佩兰在1909年发表的一篇文章中首次使用了"阿伏伽德罗常数"这个术语。在这篇文章中，佩兰根据爱因斯坦的理论计算出了分子的大小。

那么，定义阿伏伽德罗常数对科学研究有什么益处？根据阿伏伽德罗在1811年提出的理论，对于任何种类的气体，只要温度与压力相同，那么单位体积内所包含分子的数量是相同的。后来，科学家们通过实验测定，最终得出的结论是，每立方厘米体积的气体包含的气体分子数量为6×10^{23}个。换言之，阿伏伽德罗常数等于6×10^{23}。

在现代，通过X射线衍射实验，科学家们测定阿伏伽德罗常数等于6.022×10^{23}，这也是迄今为止最精确的结果。阿伏伽德罗常数的测定非常困难，上述结果是通过多年来无数次实验的不断改进而最终得到的。

摩尔

阿伏伽德罗常数还被用来定义摩尔。摩尔，被用于化学上定义包含阿伏伽德罗常数个分子（或其他微粒）的物质。1摩尔的氧气包含了6.022×10^{23}个氧分子。同样，1摩尔的三明治也包含了6.022×10^{23}个三明治微粒。那可包含了非常多的黄油与果冻！

阿伏伽德罗常数还被用来进行物质质量与构成物质的分子数量之间的转化。化学家们定义了"原子量"作为物质质量的相对单位。但即使用最先进的显微镜，科学家们也很难观察到原子和分子，所以测定单个原子的质量简直就不可能。正因如此，科学

图说相对论

家们定义单位原子量等于 1 个碳 –12 原子质量的 1/12。

分子质量

根据物质的原子量大小，并把它们按照从小到大的顺序排列，我们就得到了元素周期表。举个例子，碳 –12 原子的质量等于 12 个单位的原子量，而氧气的原子质量等于 16 个单位的原子量。根据原子量的定义方式，那么 12 克碳 –12 包含的原子数量与 16 克氧气包含的氧分子数量相等。

由于 1 摩尔物质包含了 6.022×10^{23} 个微粒，所以 1 摩尔碳包含了 6.022×10^{23} 个碳原子，其质量为 12 克。如果把摩尔转化为质量，我们只需要知道该物质的原子量，然后把摩尔数乘以原子量就得到了结果。

爱因斯坦的贡献

在爱因斯坦发表那篇论文的时候，物质的组成还是一个悬而未决的问题。为了从理论上计算阿伏伽德罗常数的数值，爱因斯坦对物质的原子构成理论提供了极大的支持。他的理论推导结果又激发了佩兰用实验测量阿伏伽德罗常数。在理论与实验两个方面，上述一系列事件为物质由原子构成的理论奠定了坚实的基础。

对光电效应的解释

爱因斯坦在 1905 年发表的第一篇论文中，对光电效应给出了一种既合理又简单的解释，从而解决了这个长久困扰物理学界的难题。在普朗克工作的基础上，爱因斯坦指出，如果是金属表面吸收了离散的光照辐射能量，光电效应就不难理解。

根据爱因斯坦的解释，金属并不能连续地吸收电磁辐射，这些辐射能量只能被金属表面的电子以量子的方式离散地吸收。这些量子具有的能量和电磁波辐射的频率成正比：E=hf。这个表达式就是普朗克在研究黑体辐射时给出的公式。

在爱因斯坦的理论中，当金属表面的某一个电子被光照射到时，它只能从辐射中吸收一个量子的能量。如果吸收的能量足够使电子挣脱原子的束缚，那么它就会从金属表面逃逸出去。但如果这个电子不在金属表面，逃逸前它还必须消耗一部分能量摆脱金属的束缚。一旦离开了金属表面，电子所具有的动能就等于吸收的能量减去挣脱束缚时损失的能量。

对雷奥那多问题的解释

爱因斯坦揭示了量子具有的能量与辐射频率之间的关系，这可以解释雷奥那多在研究光电效应时遇到的矛盾。雷奥那多当时遇到了一些问题。

其中一个问题是：他发现当光照强度变为原来的 2 倍时，实验中从金属表面逃逸电子的数量变成了原来的 2 倍，但逃逸电子所具有的初始动能并没有发生改变。如果把光看成一种波，这种现象就无法解释。然而如果电子吸收的能量是离散的，那么这种现象就不难理解了。

当光照强度增强为原来的 2 倍，这时就会有 2 倍的辐射到达金属表面，换言之，金属中的电子吸收的辐射能量变为原来的 2 倍，所以会有 2 倍数量的电子逃逸。又因为电子所能吸收的能量与照射光的频率（颜色）成正比，所以即使光照强度提升为原来的 2 倍，也并不能影响逃逸电子所具有的能量。由于每个电子吸收的量子的能量相同，所以当它们从金属表面逃逸时，其具有的平均初始动能也不会发生改变。

爱因斯坦的方法还解释了雷奥那多观察时所遇到的另一个问题。在实验中，雷奥那多用不同颜色的光照射金属的表面。随着照射光频率的增加（波长越来越短），电子从金属表面逃逸时具有的能量也增大。由于量子包含的能量与电磁波的频率成正比，频率越高，量子具有的能量也就越大，所以电子可以吸收到更大的能量，它们从金属表面逃逸时具有的初始动能也就会相应增加。

光子

爱因斯坦提出的新理论不仅解释了光电效应，甚至也颠覆了物理学中的一些传统观念。他提出光的能量具有量子形态，这表明光不仅是一种波，也是一种粒子。这些组成光的粒子被称为光子，一个光子等于光的一个量子（或者电磁辐射的一个量子）。

爱因斯坦提出的关于光电效应的新理论不但解决了问题、革新了物理学，还提供了一种测量普朗克常数的新方法。然而，并不是每一个人都对爱因斯坦取得的成果感到高兴。对雷奥那多而言，爱因斯坦先于他解释了令人迷惑的实验结果是一件非常让他苦闷的事。

罗伯特·米利肯是一位美国物理学家，他对爱因斯坦提出的光的粒子性感到怀疑，因为把光看成一个个离散的光子而不是一种连续的波，这不但与麦克斯韦的电磁场理论相抵触，也违背了19世纪物理学的很多成果。米利肯一共花费了10年试图证明爱因斯坦对光电效应的解释是错误的。他改进了实验技术，并以更高的精确度重复了雷奥那多的实验。然而所有的努力都失败了，他无法证明爱因斯坦的理论是错误的。把光看成量子化的光子而并非波的观点就这样为科学界所接受。

由于在解释光电效应与揭示光的量子本质方面的杰出贡献，爱因斯坦获得了1921年的诺贝尔物理学奖。有趣的是，尽管他对光电效应提出的解释也是惊世骇俗的，但爱因斯坦的获奖理由居然不是后来提出的更具有划时代意义的相对论。

不可否认，爱因斯坦最伟大的工作在于创立狭义相对论与广义相对论，但在1921年，这些发现在科学界还是充满了争议，很多人认为这方面的理论并不适合作为爱因斯坦提名诺贝尔物理学奖的理由。

1921年爱因斯坦荣获诺贝尔物理学奖得到的评价是"感谢他对理论物理学的贡献，特别是对于他所揭示的光电效应的本质"。显然，爱因斯坦的突破性发现为量子物理的发展扫清了障碍，这是当时全世界物理学家的共识。

图说相对论

尝试发现以太

20 世纪初的物理学还是如同前几个世纪那样有序。当时，物理学中有关时间与空间的概念主要是基于伽利略和牛顿的研究成果，但这些观念被爱因斯坦彻底推翻了。此外，爱因斯坦还证明了 19 世纪科学界所定义的古怪物质"以太"并不存在。

以太的提出

19 世纪的物理学界普遍认为，光与其他电磁波一样，也是通过某种介质进行传播的，而爱因斯坦在相对论方面的工作打破了这种观念。当时的物理学家就已经知道，声波是一种压缩波，它的传播必须依赖某种介质，如空气、水、木头或其他介质。当声波在某种介质中传播时，这种介质会在声波能量的作用下发生收缩或者扩张，并以这种振动的方式传输声波包含的信息。

科学家们认为，既然声音的传播需要依赖介质，光的传播也应该同样需要某种介质。但当时的实验已经证明，光能够在真空中传播。科学家们因而假设光传播的介质是无法探测的，并把它命名为"以太"。事实上，当时为了描述光、热、电与磁的传播，科学家们还假设了许多不同种类的以太。

既然地球上的人类能够观测到来自遥远恒星发出的光，那么以太一定充满了整个宇宙空间，这样才能使地球上的观测者看到恒星发出的光。考虑到光传播的速度非常快，他们又进一步认为以太是一种非常黏稠的介质（稀薄而又充满弹性的介质会大大降低光传播的速度。比如，声波在某种黏稠的介质中传播速度会比较快，因为黏稠的介质难以压缩）。但是，以太又不能够对光的传播速度产生太大的影响，否则将会使围绕太阳旋转的行星轨道降低太多！换言之，宇宙中的实体不能在穿越以太的时候损失太多的速度。因而以太这种奇异的物质被想象成某种类似"幽灵般的风"一样奇怪的东西。

尝试发现以太失败

当麦克斯韦根据电与磁的相互关系，建立起他的电磁波理论

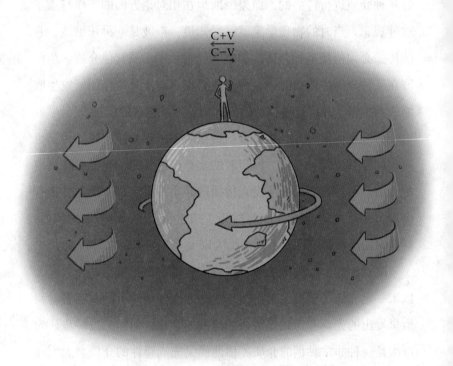

◎若以太存在，则我们在地球上测得的光速也应该随着以太风的风向改变而改变。

图说相对论

并且揭示出光的电磁波本质后，科学家们就开始急于探测以太的存在。科学家们假设，地球在以太的包围中绕太阳运动。大约在1880年，阿尔伯特·麦克尔逊进行了一系列实验，希望通过观测到以太对光速的影响来探测这种物质。后来，同时代的另一位科学家莫雷也加入了他的研究，两人展开联合实验。他们的实验装置中有两束光，一束光的传播方向与地球围绕太阳旋转运动的方向平行，另一束光的方向与地球绕日运动的方向垂直。

如果真的存在以太这种物质，那么麦克尔逊—莫雷实验一定能够探测到它的存在。他们测量了与以太运动方向一致的那束光的传播速度和与以太方向垂直的另一束光的传播速度，并把两组数据进行了对比。根据他们的推理，由于叠加了以太的运动速度，与以太运动方向一致的那束光在传播过程中会有比较高的速度（如同顺风对飞机飞行速度的影响）；而与以太运动方向垂直的那束光在传播过程中没有叠加以太的运动速度，所以速度不会发生改变。然而，这两组光速的实验数据没有差别。无论是与以太运动方向一致的还是与以太运动方向垂直的，光的传播速度都没有发生任何改变，始终是一个常数 c(大约 300 000 000 米 / 秒)。

后来，麦克尔逊又花费了几年的时间完善并重复他的实验，但一直无法获得能够证明以太存在的有力证据。他认为，实验精度不够高是没有探测到以太存在的证据的主要原因。然而，事实上还有另外一种可能性，那就是以太并不存在。

光速的谜团

就像我们在前面的章节所了解到的那样，19 世纪晚期的物理学领域存在一个谜团：光速是不是一个恒定的常数？麦克斯韦的理论把光归为一种电磁波，这实际上也就预言了它的传播速度大约为300000000 米/秒，并且这个数据已经得到了实验的证明。然而，当时存在的一个更大的问题是，光速究竟是相对于何种参照系定义的。

如果光与声波的性质类似，答案是非常明显的。当声音在空气或者其他媒质中传播的时候，声波的速度是相对于空气运动的速度测定的。举个简单的例子，如果空气沿着声源的方向正对着你运动，那么你听到声音的时刻会早于空气沿着声源方向远离你运动的那种情况。

如果光的性质与声波类似，那么以太就如同空气，光的传播速度就应该是相对以太测量的。然而麦克尔逊—莫雷实验显示光的传播速度与它穿越以太的方向无关，换言之，光速与以太运动的速度无关！另外一种可能性是，光传播的速度相对于光源是固定的，但这个假设在当时立刻就被证明是错误的。

在此之后，人们曾经好几次试图解释麦克尔逊—莫雷实验。其中，除了爱因斯坦，比较著名的还有荷兰物理学家亨得利克·罗洛兹，他是依据相对于以太运动的物体的收缩和钟变慢的机制。

早期的相对思想

经典物理学在 20 世纪初的一些情况都已经基本介绍清楚了，

图说相对论

我们可以开始讨论爱因斯坦对于狭义相对的理解。然而在这个话题之前，我们还需要弄清楚相对思想的来源。爱因斯坦并没有发明这种思想，他只是在物理学与数学上精练并深化了它。

古代的时间与空间观念

我们从欧洲文艺复兴之前开始，特别要分析一下古希腊与古罗马时期的人们对于时间和空间的概念。那时候的人们认为，在观察与测量物体运动的过程中，存在一种自然的参考坐标系。这个坐标系非常简单：它是一种静止状态，也就是不发生运动时的状态。如果用这种观点观测世界，我们就会发现存在一种被称为"绝对静止坐标系"的参考坐标系，而且所有的观测者都会一致认同这个参考坐标系是静止的。这个绝对的参考坐标系还有绝对的时间尺度，通过它能够测量其他所有坐标系中的时间。

伽利略的相对观念

伽利略·伽利雷是 17 世纪中期的一位伟大的科学家，他首次提出了"相对原则"，这一理论改变了文艺复兴之前形成的时间和空间的观念。这个新思想的提出源于伽利略对物理规律的思考。他认为，无论观测者是位于一艘匀速运动的轮船上还是位于静止的地面上，物理规律产生的结果是不变的。伽利略注意到，在一片绝对平静的海面上（没有任何波浪与其他扰动），只要船沿着一个方向匀速前进，那么在船上的观测者无法通过任何实验证明船是运动的（当然不能看窗外的景物）。

伽利略提出的相对原则称，实验无论在船上进行或是在静止的地面上进行，观测者都只能得到相同的结果。举个例子，一个球会以相同的方式滚动，并在相同的时间停下来。我们可以用更简洁的语句叙述相对原则：对于任何处于惯性系统中的观测者而言，物理学的机械效应都是相同的。

伽利略的新观点

关于时间与空间的观念，伽利略与文艺复兴之前的亚里士多德和其他哲学家截然不同。伽利略认为，不存在绝对静止的参考坐标系。一个处于匀速直线运动参考坐标系中的观测者，和另一个处于静止坐标系中的观测者，他们无法区分各自所在的坐标系是运动的还是静止的。他还认为，所有观测者都一致认同的绝对静止的参考坐标系是不存在的。

我们可以通过想象一个场景来理解伽利略的思想。有两位观测者，一个在飞机上，另一个在静止的地面上，而且事先两人都已经把手表指示的时刻调整成完全相同。在某一个时刻，飞机上的观测者坐到了座位上，这时两人都记录下飞机上观测者的位置。然后，飞机上的观测者起身走过几排座位去看一个朋友，交谈了几分钟后返回到自己的座位。飞机上的观测者会认为，他回到了几分钟之前已经记录过的那个位置。

然而，地面上的观测者会有不同意见，因为飞机是相对地面以每小时几十万米的速度运动！对于飞机上的观测者而言，当他回到原来的座位时，他也就回到了第一次观测时的位置；但是如果以地面作为参考坐标系，地面上的观测者会认为在这个过程中飞机的那个座位已经随着飞机的运动向前运动了几万米，也就是第一次和第二次观测到的位置相距了几万米。

牛顿的运动理论

17世纪晚期，艾萨克·牛顿建立了经典物理学的基本定律。在1687年出版的著作《数学原理》（简称《原理》）中，牛顿分析了物体在不同作用力下的运动方式。当牛顿把他的理论运用到分析太阳系中星体的运动时，他最终推导出了万有引力定律。根据这个定律的描述，宇宙中所有物体之间存在一种相互吸引的力，这种力的大小与互相吸引的两个物体的质量以及它们之间的相对距离有关。在两个物体之中，如果有一个物体的质量很大或者两者之间的距离很小，那么产生的引力就会很大。太阳的质量巨大，所以太阳与行星之间的引力作用就非常强。

牛顿的新理论可以用来描述行星与彗星的运动、潮汐的运动、月亮的运动等很多自然现象，是物理学发展史上的重大突破，改变了那种物体之间只有相互接触才会产生力的传统观念。牛顿的运动定律包含了伽利略有关相对的思想，其精髓是在惯性坐标系（没有加速运动）中的微粒将一直保持直线匀速运动的状态。牛顿还假设了一个绝对的时间坐标系，任何其他坐标系中的时刻都可以根据前者进行测量。

牛顿和麦克斯韦理论存在的问题

19世纪晚期，无论是麦克斯韦那套简单有序的电磁场理论，还是牛顿的经典力学原理都产生了一些问题。当时的一些实验产生了与上述理论预言不一致的结果，虽然科学家们尽了最大的努力，但还是没有办法圆满地解释这些实验现象。

水星围绕太阳运动的实际轨道与科学家们根据理论得出的计算结果存在偏差，这是其中的一项。当然，还有一些麦克斯韦理论的问题、以太的问题以及运动参考坐标系的问题。在这种情况下，科学家们对一些被作为常识的观念感到疑惑，比如光的传播速度是不是一个固定值。

麦克斯韦方程组统一了电学、磁学与光学（把光看成一种电磁波），并且表明光的传播速度应该是一个不变的常数。然而，在伽利略和牛顿的理论中，任何物体的速度都是相对某个参考坐标系而言的，这就与光速是常数的观点产生了矛盾。如果观测者在运动的坐标系下测量光的传播速度，那么其结果肯定与静止坐标系下所获得的测量结果不同。但是，麦克斯韦方程又需要一个与参考坐标系无关的恒定不变的光速。当时的情况的确让人感到很迷惑。在这个关键时刻，爱因斯坦对这些问题作出了解释。

第三章

质能方程式（E = mc^2）的推导

动量和做功

1905 年 9 月，爱因斯坦发表了一篇文章，以介绍自己在狭义相对论研究方面取得的一些重要进展。这篇文章描述了质量和能量之间的等价关系。爱因斯坦意识到，只有对牛顿提出的有关动量、做功和能量等理论重新进行评价，才能对狭义相对论作进一步的研究。在研究运动物体和它们之间的相互作用等动态系统特性方面，狭义相对论也有一系列重要的结论。在讨论这些结论之前，我们有必要先对动量、做功和能量等概念作一个简单的介绍。

动量

法国哲学家勒内·笛卡尔提出了动量的概念。动量是对物体运动的一种度量，等于物体的质量与速度的乘积。因而，一个质量大、运动速度却比较慢的物体所具有的动量可能等于另一个质量小、运动速度却很快的物体。动量还可以在物体之间传递。假设一个运动的桌球撞上另一个静止的桌球，如果它们发生了正碰，那么原来运动的那个桌球会静止，而另一个桌球会从静止变成运动，并且其运动速度大约等于原先那个桌球的速度。如果把两个桌球作为一个系统，那么两个桌球所组成的系统具有的总动量在碰撞前后几乎不发生变化。

　　除了在物体间相互传递之外，动量也可能会因为运动方向相反而互相抵消。假设两个做相对运动的桌球发生碰撞，并且碰撞之前它们具有大小相等、方向相反的速率，可以认为其中一个桌球的动量是负值，另一个则为正值。当它们碰撞之后，两者由于动量互相抵消而都停止运动。

　　在没有第三个物体介入的情况下，两个发生碰撞的物体的动量被保留下来。这里的"第三个物体"包括它们在平面运动时产生的摩擦，所以理论物理学家经常假设物体在一个不产生任何摩擦的理想平面上运动。

　　无论发生碰撞的物体的速度和质量多大，或者碰撞后的状态是互相分离还是互相紧贴（只要没有撞成碎片），系统具有的总动量不发生改变。笛卡尔只是提出了系统动量守恒的概念，牛顿才真正把动量守恒作为运动定律的一部分并对其进行了系统的论述。

做功

　　在物理学上，做功的含义是，一个物体在某个外力的作用下移动了一段距离。做功等于物体受到的外力与物体移动的距离在这个外力方向上的投影的乘积。既然地球引力把所有地面上的物体都拉向地球表面，那么如果要把一个物体从地面上提起来就需要做功。根据物理学的定义，力等于物体质量与加速度的乘积，其中加速度是物体速度的变化率。牛顿的著名公式 $F=ma$ 就描述了这种关系，其中 F 是物体所受的外力，m 是物体的质量，a 则是加速度。

能量公式

能量表示做功的能力。能量的形式并不是单一的：动能是物体在运动状态中具有的能量，而势能是由于物体在力场中所处的位置而产生的。一个飞行中的棒球具有动能，它能够击碎玻璃窗；一个悬挂在树枝上的苹果具有势能，当它下落的时候势能也相应地转换为动能。

如果在一次恶作剧中，我们从地上捡起一个苹果并把它放到树枝上用来砸某个毫无防备的过往行人，那么在把苹果从地面转移到树枝上的过程中，我们就需要对它做功。所做功的大小等于苹果从树枝上跌落到地面时地球引力所做的功。所以，当它在树枝上时，苹果具有的能量是一种存储形式的功，或者称为势能。

一个物体所具有的动能大小与该物体的质量和它的运动速度有关。物体的质量越大或者运动的速度越快，那么具有的动能也就越大。动能、质量与速度之间的关系可以用公式 $E=\frac{1}{2}mv^2$ 表达，其中 E 是动能，m 是物体具有的质量，v 是速度。

相对论的速度相加

在狭义相对论的框架下，爱因斯坦还考虑了另一个问题：当两个物体中的至少一个以接近光速的速度运动时，它们的速度怎样叠加？在低速的情况下，我们可以用常识去判断。例如，一列火车正以 80 千米 / 小时的速度运动时，有一个人正对着火车以 8 千米 / 小时的速度接近。相对于火车上的观测者而言，这个人的运动速度是 88 千米 / 小时。

然而，当物体运动的速度接近光速时，简单的速度相加并不正确。正如前面章节提到的那样，如果有一个光脉冲在火车的车头与车尾之间来回运动，那么这个光脉冲的速度无论是对于静止地面上的观测者还是对于火车上的观测者都是恒定的。光的传播速度是一个常数，它并不因为以静止的地面为参考坐标系，观测者测量的结果就会增加 80 千米 / 小时。

事实上，由于时间的膨胀效应与长度的收缩效应，两者的速度之和必须除以一个因子。这个因子等于两者速度的乘积除以光速的平方所得的结果加上 1。假设两者的速度分别是 u 和 v，那么速度之和的真实值等于下面的表达式：

$$\frac{u+v}{1+\dfrac{uv}{c^2}}$$

在上面的式子中，c 是光传播的速度。所以如果两者的速度都远远小于光速，那么上述表达式就等于两者的速度之和。但如果其中有一个物体的速度等于光速，那么两者的速度之和也等于光速。因而，光速是任何物体所能具有的运动速度的上限。

图说相对论

动量守恒定律遭到挑战

根据定义，一个物体具有的动量等于它的质量与运动速度的乘积。由于速度是一个矢量，上述定义隐含了更深层次的意义：动量不但有大小还有方向。动量守恒是一个简单的抽象概念，与发生碰撞的物体的任何细节都不相关。爱因斯坦认为形式简单的动量守恒定律是一种客观规律，所以他将这一定律纳入了自己的力学体系中。此外，他的力学体系也包括了狭义相对论中一些有关空间与时间的最新思想。

速度分量

我们在前面的章节中提到过，当一个物体以接近光速的速度运动时，时间膨胀效应与长度收缩效应都变得非常明显。假设有两辆跑车以接近光速的速度沿着一条笔直的道路相互靠近，它们的行驶方向并非完全正对而是有一点轻微的偏离，那么当两者相撞的时候，它们都会被对方以一个微小的角度撞向路边。

在这次碰撞中，动量守恒定律仍然有效，但因为碰撞的时候有一个微小的偏角，所以碰撞后的两辆跑车不再沿着道路所在的直线行驶，而是与道路呈一个微小的偏角。由于这个偏角的存在，两辆跑车的速度方向也不再与道路平行，而是有一个偏离道路的微小的速度分量存在。

时间膨胀与长度收缩

对一位地面上的观测者而言，两辆跑车远离道路的速度是相同的，而且整个场景呈对称分布。因为两辆跑车都以接近光速的速度运动，时间膨胀的效应会非常明显。所以，如果其中一辆跑车中的驾驶员观测另一辆跑车离开道路的速度，那么他会得出一个令人困惑的结论。

但是，长度收缩效应仅发生在物体运动的方向上，所以在远离道路的方向上（和跑车运动方向垂直的方向）不发生长度收缩。因而，根据那个驾驶员的观测结果，整个场景不再呈对称分布。两辆车仿佛正以不同的速度远离道路，整个系统的动量也不再守恒。

爱因斯坦的解决方案

对于这种违背动量守恒定律的结果，爱因斯坦感到非常担心。然而，他用一种简单巧妙的方法避免了违背动量守恒定律情况的发生。与他以前提出的解释类似，这种方法再一次违背了大部分人的常识和直觉，却又在未来的实验中获得了验证。

上文提到，由于在时间膨胀效应产生的同时并没有伴随长度收缩效应，所以跑车相撞问题不满足动量守恒定律。针对这个问题，爱因斯坦认为，如果要保证动量守恒定律仍然有效，就必须使物体的质量和它的速度关联起来。这个结论看起来有点儿奇怪，却是当时解决问题的唯一方法。

静止质量

静止物体的质量被称为"静止质量"，运动物体的质量随着其运动速度的增加而增大。速度的平方除以光速的平方，这就是将速度与质量关联起来的因子。所以如果物体做低速运动，那么其质量的增加量就非常小；然而如果物体运动的速度接近光速，那么其质量的增加量就非常巨大。事实上，任何以光速运动的物体的质量都等于无穷大。

物体质量和运动速度的关系式如下。如果一个物体的静止质量是 M，那么当它的运动速度是 v 的时候其质量等于

$$\frac{M}{\sqrt{1-\dfrac{v^2}{c^2}}}$$

实验验证

物体的质量随着其运动速度的增加而增大的结论显得非常奇怪，不过，在爱因斯坦提出这一结论后不久，它就获得了实验上的验证。1908 年，科学家们测量了在真空管中高速运动的电子的质量，结果显示，运动电子质量的增加量与理论预测的结果完全一致。

根据上述公式，由于粒子的质量会随着其运动速度越来越接近光速而趋于无穷大，所以光的传播速度可以看成物质运动速度的上限。既然物质的质量不可能变成无穷大（我们认为是这样），那么物质运动的速度也就不可能达到光速。由于物体的运动速度存在上限，很多人的超光速旅行梦想也就破灭了。至今，人们仍没有找到任何方法可以实现《星际旅行》中描述的超光速旅行。

相对论中粒子具有的动能

在前文中提到，一个粒子具有的动能与其质量和速度都有关系，具体关系式为 $E=\frac{1}{2}mv^2$。这个模型的效果与动量守恒定律一样，当粒子做低速运动时非常精确，但当粒子的运动速度接近光速的时候却会产生一些奇怪的结论。当物体的运动速度接近光速，只要物体具有的能量增加，那么物体的质量也会随着运动速度的增加而增大。

当速度无限接近光速之后，物体运动的速度就无法再增加了。一旦粒子的运动达到了这种情况，任何能量上的增加都会直接导致其质量的增加！假设有一个以接近光速的速度运动的粒子，当我们对它施加一个外力，作用时间为 1 秒，那么粒子的能量与质量都会增加一些，我们称这个增加量为 m。由于外力的大小等于物体质量的变化乘以其运动速度，所以有下列公式 F=mc（其中，F 是物体所受到的外力，m 是质量的增量，c 是光传播的速度）。

动能的增量

当我们对这个粒子施加了 1 秒的外力后，它的动能增加了多少呢？能量是做功能力的一种度量，所以粒子动能的增量等于 1 秒钟内外力所做的功。外力做的功等于外力的大小乘以位移。假设该粒子以光速运动，也就是 300 000 000 米／秒，那么在 1 秒内它运动产生的位移是 300 000 000 米。

最后的结果是什么？由于 F=mc 并且 E=Fc，所以当我们把这两个公式结合时就得到 E=mc × c=mc²。这个公式很眼熟吧？那当然！就在刚才，我们把爱因斯坦的著名公式 E=mc² 进行了简单的推导。根据这个公式，我们可以计算一个以光速运动的粒子质量的增加量和动能的增加量。

低速运动的粒子

当粒子以接近光速的速度高速运动时，它的质量要大于其静止质量。那么如果粒子的运动速度接近我们日常生活中接触到的速度会怎么样？理论显示，即使粒子做低速运动它的质量也会增加。事实上，在粒子从低速加速到接近光速的整个过程中，它的质量会按照公式 E=mc² 随着动能的增加而增大。

为什么我们在日常生活中没有注意到这种现象？跑步时，身体质量是否比静止时的质量大呢？情况确实是这样，只不过这个增量十分微小以至于感觉不到这种变化。即使物体运动速度已经很快，但只要还没有达到光速的数量级，就感觉不到它质量的增加。举个例子，一架以 3 200 千米 / 小时的速度飞行的飞机，其质量增加量也只有半微克。与飞机的静止质量相比，这个增量实在是微小到难以检测。

质能方程也适用于量子

公式 E=mc² 并不仅仅局限于描述物体的动能。一切能量的增加，包括势能的增加，都会导致物体的质量增加，其大小等于公式中的 m。在大部分情况下，按照地球上物体的运动速度，普通物体所能获得的质量的增量都是十分微小的。

核裂变

当然，也有一些质量显著增加的特殊情况。比如，一个氦原子的原子核，它包括 2 个质子与 2 个中子。在一般情况下，这些粒子由于受到原子核内巨大的核力而紧紧靠在一起，并且处于一种稳定状态。然而，如果外界提供了足够的能量，那么氦原子核就会分裂成两块碎片，每一块碎片都包含了 1 个质子与 1 个中子。这些碎片与氢原子核相似。

由于氦原子核内部的核力非常强，所以为了把它分裂成两小块，我们就必须为之提供巨大的能量。当核裂变的实验结束后，比较实验前后总质量的变化可以发现：两小块碎片的质量之和比原来的氦原子核的质量大了足足 0.5 倍。增加的质量乘以光速的

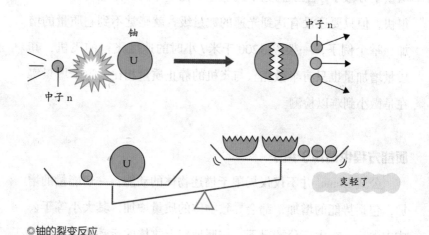

◎铀的裂变反应

图说相对论

平方，这个结果就等于分裂氦原子时外界所提供的能量，爱因斯坦的公式再一次得到了验证。

核聚变

如果把实验的过程逆转，我们会得到更为重要的结果。假设给上述实验中产生的两个氢原子核提供足够的能量使它们发生碰撞，那么它们将互相结合并再次产生一个氦原子核。由于每个氢原子核都带一个正电荷，根据电荷的同性相斥原理，当它们靠近时会产生互相排斥的力，而且这个力与两者距离成反比。所以为了使两个氢原子核发生碰撞，我们必须为之提供足够大的动能。

当两个氢原子核发生碰撞并再次合并成为一个氦原子核时，这个过程所释放的不仅仅是外界提供的初始动能，还包括之前氦

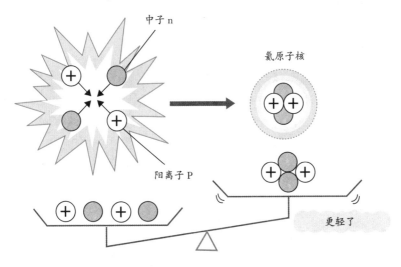

◎核聚变反应后，更轻了！

原子核分裂成氢原子核时所吸收的那部分能量。在前面的分裂过程中，后面那部分能量转化成两个粒子质量的增量被存储了起来，当这两个粒子再次合并成为氦原子核的时候，这些能量才被释放出来。

这种核反应是核聚变和核裂变反应的基础。太阳中的核聚变反应为地球上的生命提供了宝贵的光与热，氢弹的工作原理也是核聚变反应。与爱因斯坦的大部分工作相同，公式 $E=mc^2$ 对人类社会的发展产生了深远的影响。在造福人类的同时，它也提供了毁灭人类的武器。

第四章
细说狭义相对论

狭义相对论

狭义相对论由爱因斯坦在 1905 年提出。他在这一理论中给出了对宇宙可观测特性的最详尽的数学描述。由于物理定律的宇宙普适性，无论观测者是处于静止还是运动，宇宙的这些特性对任何观测者来说都是一样的。如果观测者的速度变化（如受到引力影响），那么必然有一个外力作用于他，这一状况在爱因斯坦1915 年的广义相对论中被解释。

狭义相对论有两个指导原则。第一条被称为"相对性原则"，指出运动不是绝对的，只能是相对于其他事物。例如，如果坐在以 100 千米 / 小时的速度向西行驶的车上的特技演员攀爬以完全相同速度飞行的飞机上的梯子，飞机相对他就是静止的。

对于站在地面上的观测者来说，车辆和梯子上的人确实是以100 千米 / 小时的速度向西运动的。但是如果相同的事件从太阳上或者太阳系中的不受地球引力影响的一点上看，车辆的运动将叠加上地球的自转和它环绕太阳的运动。

前一个观测者相对于地球来测量汽车的运动，后者则相对于太阳观测。但即便是太阳也并不是静止的，如果观测者能够抛开它的引力影响，并且再次测量汽车的运动，那么汽车、梯子、飞机、地球和太阳的运动将是相对于我们星系的星系核的。近几年，科学家证实了银河系本身也正在宇宙中运动，因此根据狭义相对论，宇宙中不存在能够用以观测的绝对静止点。

相对性原则也指出，不存在能够给出某人在空间中的绝对运动的实验。攀爬移动中的汽车和飞机间的梯子的难度将和它们静止的时候一样。只有外部事件比如气流能够让车上的人、飞机或是梯子确定车是在运动还是静止的。类似地，在地球上不能感受到地球的转动，这只能通过外部事件（太阳在天空中明显地运动）作为参照被观测到。

第二条前提性假设是，当所有的其他运动都是相对于一个观测点时，光的速度是绝对并且恒定的。19世纪90年代的实验表明，不论实验在测量时具有多快的移动速度，光速始终保持不变。爱因斯坦声称他在推导狭义相对论时并没有意料到这一结论。

◎相对性原则指出：运动是相对于观测者的观察点的。从运动的汽车中爬上飞机（1）的特技演员看到的飞机是静止的，而地面上的观测者（2）看到汽车和特技演员都正在相对地球以固定的速度和方向运动。位于太阳（3）上的假设的观测者将看到汽车的运动和地面上的观测者由于受到地球（4）自转和环绕太阳旋转（5）的影响也在运动；而位于银河系中心的一颗恒星（6）上的观测者将同时看到太阳环绕星系的运动。

图说相对论

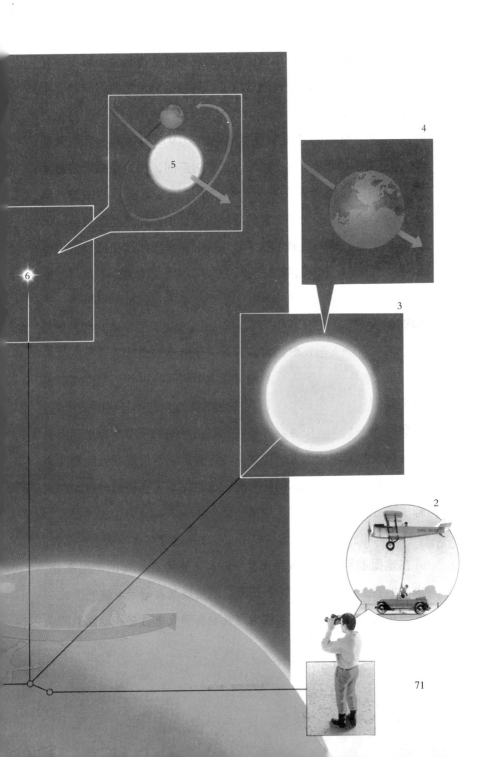

爱因斯坦发现两个相对运动中的观测者会得到关于长度、时间、速度、质量、动量和能量的不同观测结果，这些不同随着速度的增加而增大。

这两个原则的另两个重要推论由爱因斯坦得出。第一条是没有任何物体能以超越光速的速度穿过空间，因为在那样的速度下，它的质量将变为无穷大。第二条是质量是能量的体现。当太空飞船速度接近光速，它的质量增加，用以加速的能量会转化为它的质量。这一质量和能量的关系式在爱因斯坦的著名等式：$E=mc^2$（能量等于质量乘以光速的平方）中得以体现。

相对的火车

为了帮助人们理解相对的含义，爱因斯坦设计了一个思想实验，该实验表明存在这样的情况：完全相同的事件，一位观测者认为是同步事件，而另一位观测者则认为它们不是同时发生的。想象一列火车，一位观测者处在火车正中间的一节车厢里，而另外一位观测者在地面上。在某个特定时刻，两位观测者面对面地把各自的手表调整到相同的时刻。这时火车正在快速驶过，两人挥手致意。

同时，火车上的两盏灯亮了。其中一盏照在火车的车头部分，并在地面上相同的位置留下投影；另一盏照在火车的车尾部分，也在地面上相同的位置留下投影。两位观测者记录下这些事件。

在同一时刻，地面上的观测者观察到火车灯光在地面上的两个投影。通过测量两个投影的相互距离，他发现自己恰巧位于它们连线的中点上。由于光的传播速度是恒定的，所以该观测者推断这两个投影是同时发生的事件。换言之，因为两个投影发出的光运动了相同的距离，所以两者的信号同时到达他所在的位置。

然而，火车上的观测者则得到了一个完全不同的结论。由于站在火车的中部，来自火车车头部分的光与来自火车车尾部分的光要运动相同的距离才能到达他所在的位置。然而，他首先看到的是火车车头部分的光，稍后才看到了火车车尾部分的光。由于光的传播速度是恒定的，并且两束光运动的距离也是相同的，所以他推断火车车头部位的灯先亮，然后才是火车车尾部位的灯亮。

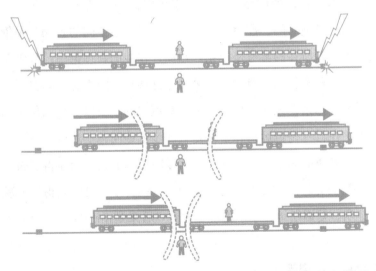

◎相对的火车的例子表明，时空坐标系的第四维时间坐标，会因为观测者所在参考坐标系的不同而变化。

这怎么可能呢？在地面上观测者看来是同时发生的事件，在火车上的观测者眼中却变成了不同时间发生的事件。其实只要分析火车上那位观测者自身的运动，我们就不难理解整个事件。

在火车车头与车尾部分发出灯光的同时，火车上的观测者也随着火车在一起向前运动。以地面作为参考坐标系，由于观测者的运动，他观测到车头的灯亮时，光的实际运动距离要小于火车长度的一半，而火车车尾部分发出的灯光运动的距离则要大于火车长度的一半。由于光的传播速度是恒定的，导致了火车上的观测者所看到的是两个不同步的事件。他会首先观测到来自车头部分的灯光，然后是车尾部分的灯光。

正因如此，爱因斯坦在相对思想方面的早期工作表明，不仅空间不是绝对的，连时间也不是，对时间与空间的观测结果依赖于观测者所在的参考坐标系。然而，在他的新理论中，爱因斯坦用了一种全新的绝对的概念来表述这些相对的思想：相对于任何参考坐标系，光的传播速度是绝对恒定的。所以虽然两位观测者无法在自身是否运动和事件是否同步这些问题上达成一致，但他们对光速的大小是没有异议的。爱因斯坦的新理论显得非常奇怪，但事实上，他关于相对思想的一些预言如今已经获得了实验的证明。爱因斯坦关于宇宙规律的观点看来是正确的。

以太被正式剔除

在对相对思想进行系统化的过程中，爱因斯坦还论证了以太并不存在。既然已经证明了在一个惯性参考坐标系中无法根据任何实验的观测结果确定该坐标系是运动还是静止（包括测量光传播的速度），所以原先假设的那种绝对静止的参考坐标系是没有任何意义的。换言之，我们永远无法证明某个参考坐标系相对于其他坐标系是静止的。

然而，在假定以太为静止参考□□□□□□□麦克尔逊—莫雷实验试图测量光相对于以太□□□□□□确实存在这样一个参考坐标系，光相对于它的□□□□□测定，而且光速的具体数值将会与参考坐标□□□□既然光的传播速度是恒定的，那么也就不存在□□□□系，所以以太这种物质并不存在。相对于任□□□□□光的传播速度都是一个常数。如果一位观测□□□□考坐标系下测量光的传播速度，他会获得完全□□□□

那么，是什么物质充□□□□□□光的介质的作用？是什么产生了波动？其实光□□□□同方式传播的波，声波依靠介质的压缩与膨□□□□□一种横波。根据定义，横波不需要任何介质就□□□□间或者真空。所以并不需要以太或者其他介□□□□光在内的电磁波就能穿越空气或者真空。

从科学家的宇□□□□□□这个名词，当然需要客观事实与实验证据□□□□□也是人类认识水平的一次飞跃。人类第一次□□□□□再不需要借助以太这种神秘介质。科学家、哲学家及其他人都认识到不存在以太这样一种充满宇宙空间的介质。这个结果可能会使当时的很多人感到不习惯，但它仅仅是一个序曲，爱因斯坦的理论后来引起了一系列令人难以置信的创新连锁反应。对基础与常识的质疑成了 20 世纪早期科学发展的一个重要部分。

对相对思想的解释

在 1905 年发表的那篇文章中，爱因斯坦提出了一种对光速问题的解释。他首先强调了伽利略最初的相对思想。伽利略当初的相对概念仅仅局限在物理学的机械运动领域，爱因斯坦则把这种思想推广到了所有的物理定律。爱因斯坦对相对的解释是，所有物理学的定律对于惯性观测者而言都是相同的。

爱因斯坦关于狭义相对论的假定

爱因斯坦断言，没有任何机械运动的实验可以让观测者区分所在的坐标系是静止的还是运动的（匀速直线运动），甚至也不存在任何电磁学或者光学的实验可以做到这一点！爱因斯坦还认为光速对所有惯性观测者都是相同的，不管这些惯性坐标系以多大的速度运动。观测者甚至无法通过观测光的传播速度来区分自身的运动和光源的运动。

爱因斯坦关于狭义相对论的假定如下：

1. 所有的物理学定律对于任何惯性坐标系而言都是相同的。

2. 无论光源是运动的（匀速直线运动，不包括加速运动）还是静止的，相对于任何惯性坐标系，光传播的速度都是相同的。

时间和空间

伽利略提出的相对概念使科学家们摆脱了绝对静止参考坐标系的束缚。在前文提到的例子里，当飞机上的观测者回到座位的时候，他认为自己已经回到了与第一次观测结果完全相同的空间位置。然而，地面上的观测者却认为他并没有回到原先的位置，而是随着飞机的运动到达了另一个空间位置。这个例子显示了两位观测者对观测结果的分歧，也说明了任何空间位置都是相对于观测者所在的参考坐标系而言的。

爱因斯坦关于相对的思想比伽利略更深入了一步。他认为，不但空间是相对的，时间也是相对的！在同一个时刻发生的事件被称为同步，根据爱因斯坦的论证，参考坐标系的选取会影响到同步的结果。同样两个事件，对于某位观测者而言是同步的，但对于另一位观测者却可能是不同时刻发生的事件。

根据爱因斯坦的上述研究结果，时间也成了"时空坐标系"中的另一个变量。在德国数学家赫曼·闵可夫斯基的帮助下，爱因斯坦论证了所有事件都是在一个特殊的四维坐标系中发生的，其中的三维分量代表了典型的空间位置（也就是经度、纬度与高度），第四维分量则代表了时间。时间分量也像空间分量那样，随着参考坐标系的变化而改变。

光速数值始终不变

　　光速一开始被认为是无限的。很多早期的物理学家，如培根、开普勒和笛卡尔等，都认为光速无限。不过，伽利略却认为光速是有限的。1638 年，他让两个人提着灯笼各爬到相距约 1000 米的山上，让第一个人掀开灯笼，并开始计时，对面山上的人看见亮光后也掀开灯笼，等第一个人看见亮光后，停止计时。这是历史上非常著名的测量光速的掩灯方案，但由于光速实在太快了，地面上的测量很难捕捉到，因此实验并没有成功。

　　由于宇宙广阔的空间为测量光速提供了足够大的距离，因此，光速的测量首先在天文学上取得了成功。1676 年，丹麦天文学家奥勒·罗默首次测量了光速。当时，他凭借研究木星的卫星木卫一的视运动，首次证明了光是以有限速度传播的，而非无限。不过，由于他在求值过程中利用了地球的半径，而当时人们只知道地球轨道半径的近似值，所以求出的光速数值只有 214300km/s。不过，这个光速值虽然与光速的准确值相去甚远，却是光速测量史上的第一个记录，仍值得人们铭记。当然，在奥勒·罗默之后，许多科学家采用不同的方法对光速进行了测量，得出了越来越接近准确值的光速数值。而在近两百年后的 1865 年，英国物理学家詹姆斯·麦克斯韦首次提出光是一种电磁波，用波动的概念描述了光的传播过程。

　　1887 年，美国物理学家迈克尔逊和莫雷在做光的实验时，赫然发现了光速的一个奇特之处。我们知道，如果一个人以 100 千米的时速驾驶一辆汽车飞驰，此时他看到身旁有一辆以时速200千米行驶的列车，那么，他会发现什么？有基本物理常识的人都知道，如果汽车与列车行驶方向相同，那么人对列车的目测速度就是时速100千米；但如果汽车与列车的行驶方向相反，那么人对列车的目测速度就会是时速300千米。这个结论几乎适用于地球上的一切事物，但并不适合光速。

迈克尔逊和莫雷对光的实验结果说明了光速并不遵循这一规律。仍以上述汽车和列车为例。按理说，由运动光源发出的光速肯定比由静止光源发出的光速更快。此时，如果运动中的光相交，那么目测速度就应该是两者速度之和。但实际上，实验结果却显示，无论是在运动中或者处于静止中，光的行进速度都是恒定的。也就是说，你把手电放在静止的地面上让其发出光，和你拿着手电一边跑动一边让手电发出光，两者的光速是一样的，丝毫没有因为手电的运动状态而改变。由此也能得知，当人们测量光速时，无论自身是运动的还是静止的，测量出的结果都是不变的。也就是说，无论测量者本身如何变化，或者光源本身如何变化，光速始终是恒定不变的。

现在看来，无论怎样测量，数值都不变的光速，似乎是"绝对"的，亘古不变的。也正是在这个结论的基础上，爱因斯坦提出了相对论，揭开了宇宙学研究的新篇章。

没有绝对的同时

光速不变原理的提出，引发了很多不可思议的事件的产生。其中之一就是，没有绝对的同时。

生活中，我们经常会用到"同时"的概念，它表示两个或者多个事件在同一时间发生，如"我们两个同时跑到终点""他俩是同时旅行的"。当然，这里的同时不仅是一个人观察的结果，

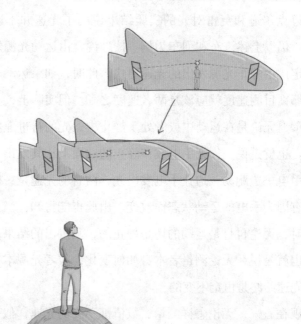

◎镜子实验

也是大家观察的结果，从来不会出现一个人说"他们两个同时出现"而另一个人说"他先来他后来"的现象。不过，现在我们该知道，同时也是相对的。

我们已经讲到，人们无论处于何种运动状态，测得的光速都是一样的。也就是说，每个观测者测得的时间和空间的衡量标准，转化成光速都是一样的。在这种情况下，空间上分离的两点所发生的事件，在一个人看来是同时发生的，而在另一个人看来，却未必会同时发生。

让我们以一个假想的实验来说明这一点。假设有一艘宇宙飞船正以半光速做直线运动，在经过地球旁边时，在飞船内部进行如下实验。

在飞船内前面的墙壁上，装上一面镜子。同时，在飞船内后面的墙壁上的同等高度，装上另一面镜子。在两面镜子距离的中心，设置一个发光装置，让它朝着方向相反的两面镜子发射光线。

毫无疑问，无论光向着哪一个方向发射，在飞船内部的人看来，它们的速度都是相同的，光信号会同时到达两面镜子。那么，以地球上的人的角度来看这两道光，它们会同时到达镜子吗？答案是否定的。

对地球上的人来说，他们所测得的光速和宇宙飞船内的人所测得的光速相同。只不过，两道光并不是同时到达两面镜子的。事实上，和宇宙飞船行进方向相同的光，在抵达前面墙壁上镜子的时候，其运行距离会加上宇宙飞船本身往前行进的距离。但与此相反，光抵达后面墙壁的镜子的时候，其运行距离会因为镜子随着宇宙飞船逐渐前行而越来越短。如此一来，看起来结果就应该是光先到达后面的镜子，然后再到达前面的镜子。

所以说，在宇宙飞船内的人看来，光是同时到达两边的镜子的，但在地球上的人看来，光却并非同时到达两边的镜子，而是有先后顺序。也就是说，我们无法确切地说光一定是同时到达两面镜子，因为处于不同运动状态的人观察到的结果是不同的。这样一来，我们就可以了解到"同时"的本质，即"同时"并不像我们原来以为的那样是绝对的，它也是相对的。

四维空间里的时空坐标系

前面我们提到，相对论让我们意识到，时间和空间是一体的，它们共同组成了一个时空的集合体，这使得四维时空的概念浮出水面。

通常，我们可以用三个数或者坐标来表示空间中的某一个位置。例如，我们会说房间中的某一点距离前面的墙壁 7 米远，距离后面的墙壁 3 米远，距离地板 5 米远。在地理上，我们常说一个点处于一定的纬度、经度及海拔。当然，如果范围扩大到了太空，我们还可以按照与太阳的距离，离开行星表面的距离，或者月球到太阳的连线和太阳到附近恒星的连线的夹角来描述一个位置。不过，这些坐标在描述太阳在我们的星系中的位置，或我们的星系在本星系群中的位置时，并没有多大作用。即便如此，我们依然可

图说相对论

以用一组相互交叠的坐标碎片来描述我们的宇宙，在每一个碎片中，我们都可以用三个坐标的不同集合来指出某一点的位置。

在相对论中，一个事件是在特定的时间和空间、特定的一点发生的某件事，因此我们可以用四个数或者坐标来描述它。当然，坐标的选择是任意的，我们不必刻意地总是使用同一个坐标，而是可以利用任何三个定义好的空间坐标和时间测度。事实上，在相对论中，时间和空间坐标之间并没有真正的差别，人们可以选择一组新的坐标。例如，为了测量地面上某一点的位置，我们可以利用在北京东北多少里和西北多少里，来代替北京以北多少里和以西多少里去测量，还可以使用新的时间坐标，即旧的时间（以秒为单位）加上往北离开北京的距离（以光秒为单位）。

以上所说的，将时间和空间结合起来创造的空间即为四维空间，即在普通三维空间的长、宽、高三条轴上又多了一条时间轴。在这个四维空间中，许许多多的事情正在发生着，而每件事情都可以用四维空间中的一点来表示。例如，2012年12月21日你到图书馆借书，那么借书这个事件就可以用四维空间中的一个点表示出来，借书发生的时间和地点对应着时间点和空间点。

四维空间是不可想象的。我们很容易画出二维空间图，也能构建出三维空间，可四维空间究竟什么样，还没有人真正见识过。不过，我们可以使用二维图，用向上增加的方向来表示时间，水平方向表示其中的一个空间坐标。像这样不管另外两种空间坐标，或有时通过透视法将其中一个表示出来的坐标图，被称为时空图。

当然，由于并不存在绝对时间和绝对空间，所以不会有唯一的四维空间存在。通常，我们所说的四次元时空图都是因人而异的时空图，且是根据那个人的运动状态来定的。所以，每个人都有属于自己的时空坐标系，而发生在自己身上的每件事情都可以用四维空间中的一点来表示。

狭义相对论的三个难点

上文提到，在某个参考坐标系中，同时发生的事件在不同参考坐标系中可能是不同步的。除此之外，当物体的运动速度接近光速时，狭义相对论还预言了很多其他的奇怪现象。这些预言与爱因斯坦的宇宙观完全一致，对它们的研究产生了很多激动人心的结论，并最终影响了科学的发展。

时间膨胀效应

首先，让我们从爱因斯坦另一个著名的思想实验开始。在这个实验里有两个完全相同的时钟，一个位于静止的地面上，另一个与观测者一起随着火车运动。假设这两个时钟是光时钟，其工作原理是通过用光传感器检测从一面镜子发射到另一面镜子的光脉冲来计时。如果位于地面上的观测者注视这个时钟，他会看到光脉冲在两面镜子之间沿直线来回反射。同样，位于运动火车上的观测者也会观测到同样的现象。

假设地面上的观测者决定用火车上的那个光时钟来确定时间。他观察到光脉冲在一面镜子上发射，然后又在另一面镜子上发生反射。但是在光脉冲从一面镜子向另一面镜子运动的过程中，整个时钟沿着铁轨已经运动了一段距离。因而在地面上的观测者看来，光脉冲的运动路线呈折线形。

地面上的观测者能够计算光脉冲相邻反射间通过的距离。他知道光的传播速度恒定是 c，速度乘以时间等于距离，这样就可以确定火车上光时钟的光脉冲相邻两次发射间隔的时间。而且他还可以将地面上的时钟指示的时间与上述计算结果进行比较。

结果会让他大吃一惊。虽然在实验开始的时候，两位观测者已经精确校对了时钟，但当地面上的观测者对照两个时钟显示的时间时，他会发觉火车上的时钟计时比地面上的时钟缓慢，这种效应被称为"时间膨胀"。

时间膨胀效应不仅对光时钟有效，对其他任何正常工作的时钟都会产生相同影响（观测者可以在实验中使用任何的手表或时钟，而不仅仅局限于光时钟），这是光速恒定导致的结果。因为光速在任何参考坐标系下都是恒定的，当一个静止的观测者观测运动的时钟时，光脉冲在相邻反射间运动的距离仿佛被拉长了。在两个参考坐标系下，光都以相同的速度运动（恒定速度 c），所以两次发射间隔的时间要长一些。由于这个原因，在运动的坐标系下，时间的流逝要更加缓慢。

这个结果也适用于相反的情况。如果火车上的观测者观测地面上的时钟，他会认为火车是静止的而地面在向后运动。所以对他而言，地面上的时钟是运动的时钟，因而也会观测到相同的时间膨胀效应，仿佛地面上的时钟运行更加缓慢。

当然，如果火车以每小时 80 ~ 96 千米的正常速度运动，时钟指示时间的变化是非常微小的。但如果火车运动的速度能够达到光速的千分之一甚至百分之一（因为光传播的速度是 300 000 000 米 / 秒，所以这种火车只可能是想象中的火箭动力火车），那么时间膨胀的效应会更加明显。事实上，不仅是运动坐标系中的时钟变得缓慢，甚至包括火车上的观测者在内的任何物体都是这样。因为时间膨胀效应，火车上的观测者的新陈代谢会比地面上观测者的更加缓慢。

时间膨胀效应已经获得了实验的验证。在其中一个实验中，实验人员首先把两个相同时钟指示的时间校对成完全一致。然后，把其中一个时钟放到一架飞机上，让飞机飞行一段距离；另一个时钟则放在静止的地面上。当飞行结束后，比较两个时钟的时间读数。实验人员发现，在飞机上搭载过的时钟流逝的时间要比放在静止地面上的少。这种仿佛科幻世界里才会存在的未来科技其实早在十几年前就已经存在了。

长度收缩效应

静止参考坐标系与运动参考坐标系的另外一种联系是长度收缩效应。假设在运动的火车上每隔 1 秒钟用灯光在铁轨上留下一个光斑。如果火车当时正以 3 米 / 秒的速度行驶，那么火车上的观测者对于铁轨上光斑间距的测量结果将是 3 米。

然而，如果地面上的观测者也观测这些光斑的间距，那么他将获得不同的测量结果。对于地面上的观测者而言，运动火车上的时间流逝变慢了。根据地面上的时钟，留下这些光斑的间隔时间将会大于 1 秒钟，所以光斑的间距也会大于 3 米。

这种效应被称为"长度收缩"。其含义是，运动中的观测者观测到的距离要比静止观测者观测到的短一些。事实上，对于一个运动观测者而言，所有在运动方向上的长度都会收缩。

孪生子悖论

与狭义相对论相关的著名的思想实验是所谓的孪生子悖论。事实上，它并不是悖论，而是一个可以通过爱因斯坦定义的相对原则加以解决的问题。

我们不妨以一对孪生兄妹为例：假设妹妹乘坐宇宙飞船前往距离地球 4 光年的阿尔法星球，这也是离地球最近的恒星。因为哥哥在地球上等她，所以一旦到达目的地，她就立即掉头返回地球。如果她乘坐的宇宙飞船以 0.6c（0.6 倍的光速）的速度飞行，那么相对于在地球上的等她的哥哥而言，这次旅行要经历 160 个月。然而，由于随着宇宙飞船一起运动，她的新陈代谢要比地球上的哥哥更加缓慢（哥哥并没有运动，并且回忆一下上文提到的运动火车上时间膨胀的例子），所以对于宇宙飞船上的妹妹而言，来回阿尔法星球总共需要花费 128 个月。这样，当她回到地球的时候就比哥哥年轻了 32 个月。

但是，如果我们以妹妹所在的飞船作为参考坐标系，当她观测地球上的哥哥的时候，地球相对于她以每秒 0.6c 的速度远离。

◎爱因斯坦的时间

所以对她而言，地球上时间的流逝变得缓慢了，因而她回到地球时肯定要比哥哥的年龄大。

当宇宙飞船最终回到地球的时候，悖论就出现了，哥哥与妹妹哪个年龄更大？正确的结果是哥哥的年龄更大。乘坐宇宙飞船去阿尔法星球的妹妹在航行的过程中会经历一系列的加速与减速过程。从地球起飞的时候飞船首先会加速，在到达阿尔法星球的时候飞船要减速降落；在回程的时候也是先加速最后减速。正因如此，所以说妹妹所在的参考坐标系已经不再是一个惯性坐标系了。

符合经典力学的速度相加原理

假定火车车厢在铁轨上以恒定速度 v 行驶，车厢里有个人沿火车行驶方向以速度 w 走过整个车厢。那么在此过程中，这个人相对于路基的前进速度 W 是多大呢？唯一可能的回答似乎源于以下考虑：

假定这个人站住不动 1 秒钟，那么在这 1 秒钟内他就相对于路基前进了与火车相等的距离。但实际上他还要相对于车厢向前走动，也就是在这 1 秒钟内他又相对于路基多走了一段距离，该距离等于他在车厢里走动的速度乘以时间。因此，他在这 1 秒钟

图说相对论

内相对于路基的速度 $W=v+w$。

我们以后会看到，这种符合经典力学的速度相加定律是经不起推敲的，也就是说，我们刚才写下的这个定律在实际上是不成立的。但我们还是暂时假定它正确。

洛伦兹变换

光的传播定律之所以与相对性原理似乎相冲突，全因其思想中含有经典力学流传的两个毫无根据的假定。这两个假定如下：

一、两个时间间隔与参照物的运动状态无关。

二、刚体两点在空间距离上与参照物的运动状态无关。

这两个假定若舍弃，则相对性原理与光的传播定律不相容的矛盾就不存在了，因为前面所推证的速率相加定理此时不再有效。光在真空中的传播定律与相对性原理有可以相容之道。于是就产生了新的问题：应当如何论述才能消除这两个基本经验结果之间的矛盾冲突呢？

前面我们既相对于火车又相对于路基来谈地点和时间。如果已知某个事件对于路基的地点和时间，那么如何求出该事件对于火车的地点和时间呢？我们能不能想出一个解决方案，使真空中光的传播定律与相对性原理不再相互冲突？换言之，我们能不能设想各个事件相对于两个参照物的地点和时间之间存在一种关系，使所有光线无论相对于路基还是火车，传播速度都是 c 呢？结论是肯定的，并且导出了一个完全确定的变换定律，可以把事件的时空量从一个参照物变换到另一个参照物。

在此之前，请先加一旁论。到目前为止，我们只考虑了沿路基发生的事件，并假定此路基在数学上起一条直线的作用。但如前所言，我们可以设想用一个杆架对此参照物沿横向和竖向进行延伸，以便相对此杆架对某处发生的事件进行定位。假定以速度 v 行驶的火车通过整个空间，无论多么远的事件都可以参照第二个杆架来定位。我们不必考虑这些杆架实际上是否会因为固体的不可入性而不断相互干扰，这对我们讨论的东西没有什么实质影响。

假定每一个这样的杆架中都有三个互相垂直的面，我们称之为坐标平面，于是，坐标系 K 对应于路基，坐标系 K′ 对应于火车。一个事件无论发生在何处，它相对于 K 的空间位置均可以由坐标平面上的三条垂线 x、y、z 来确定，时间位置则由时间 t 来确定。相对于 K′，同一事件的时空位置将由相应的 x、′、y′、z′、t′ 来确定。

这一问题可以这样精确表述：设某个事件相对于 K 的 x、y、z、t 的值已经给定，那么该事件相对于 K′ 的 x′、y′、z′、t′ 的值是多少呢？在选择关系式时，无论是相对于 K 还是相对于 K′，对于同一条光线而言，真空中光的传播速率问题都必须满足。两个坐标系在空间中的相对取向可以用下面的方程来推导：

$$x' = \frac{x - vt}{\sqrt{1 - \dfrac{v^2}{c^2}}}$$

$$y' = y$$

$$z' = z$$

图说相对论

$$t' = \frac{t - \frac{v}{c^2} \cdot x}{\sqrt{1 - \frac{v^2}{c^2}}}$$

这个方程组就被称为"洛伦兹变换"。

如果不是根据光的传播定律,而是根据经典力学的两个假定,即时间和长度都是绝对的,则我们就不会得到上述变换方程,而会得到下面的方程:

x′ =x−vt

y′ =y

z′ =z

t′ =t

这个方程组常被称为"伽利略变换",是相对于洛伦兹变换来命名的。如果洛伦兹变换中的光速 C 替换成无穷大值,就变成了伽利略变换。

依照洛伦兹变换,K 及 K′ 这两个参照物使光在真空中传播的定律都能满足。例如,沿 x 轴正方向发出一个光信号,会按照下面这个方程前进

x=ct

这里,其速度为 C。根据洛伦兹变换方程,x 与 t 的关系决定了 x′ 及 t′ 的关系。若把洛伦兹变换方程的第一方程式和第四方程式的 x 换成 ct,就变成了

$$x' = \frac{(c-v)t}{\sqrt{1-\dfrac{v^2}{c^2}}}$$

$$t' = \frac{\left(1-\dfrac{v}{c}\right)t}{\sqrt{1-\dfrac{v^2}{c^2}}}$$

二者相除，可以得到

$$x' = ct'$$

相对于参照系 K′，则光的传播依此方程进行，故相对于参照系 K′，光的传播速度也等于 C。对于沿任一其他方向传播的光线，也能得到同样的结果。这当然没任何问题，因为洛伦兹变换方程就是依据这一观点推导出来的。

基于狭义相对论的两条公理

狭义相对论源于两条公理。如果把狭义相对论看成一座房子，两条公理就好比支撑这座房子的基石。

第一条公理叫狭义相对原理。它说的是，所有的惯性系都拥有完全相同的物理学规律。换言之，除了力学定律，其他的物理学规律也不会因为换了惯性系就发生改变。这也就是说，在地球上发现的物理学规律，应该能适用于整个宇宙。如果换个惯性系，物理学规律就随之发生改变，那物理学的普适性就会被打破，这样，物理学就失去其存在的意义了。

第二条公理叫光速不变原理，即不管对于哪个参照系，光速都不会发生改变。

按照光速不变原理，光速的大小不会因参照系的不同而改变。换言之，一旦某个物体本身的运动速度达到光速，就不能再把它的速度与其他惯性系的速度进行叠加。

接受了光速不变的观点，再回头去看迈克尔逊—莫雷实验，一切马上就会变得豁然开朗了。由于迈克尔逊干涉仪的两个臂长相等，如果速度不变，被分开的两束光就会同时到达观测屏，根本不会与所谓以太风的运动速度进行叠加。

从这两条公理出发，爱因斯坦直接推导出了洛伦兹变换的公式。这意味着，当一个物体在一个惯性系中的运动速度接近光速，要想描述它在另一个惯性系中的运动，就不能再使用伽利略变换，而必须使用洛伦兹变换。换言之，如果一个物体的运动速度远远小于光速，它就满足伽利略变换，这时描述它运动规律的物理学理论就是牛顿力学；如果它的运动速度接近光速，它就满足洛伦兹变换，这时描述它运动规律的物理学理论就是狭义相对论。因此，洛伦兹变换其实就是狭义相对论中最核心的公式。

但洛伦兹是从错误的基础出发，得到了正确的结论。他为了解释迈克尔逊—莫雷实验而拼凑出来的公式，却阴差阳错地成了相对论大厦里最核心的支柱。

狭义相对论中的尺缩效应

在狭义相对论中，为什么运动物体的长度会变短呢？

其实它本身并没有变短，只是在外部观察者的眼中变短了而已。用以前的例子来说明：一列火车以接近光速的速度运动，对待在火车内部的人而言，火车的长度一点都没有变短，但对一个站在地面的人而言，火车的长度却显著地缩短了，而且火车的速度越快，在这个人的眼中就缩短得越厉害。因此，可以把尺缩效应理解成一种由于观察角度不同而产生的观测效应。

这种观测效应在现实生活中并不罕见。比如，站在摩天大楼顶部看地面的人，每个人似乎都变成了小蚂蚁，但当下到地面，就会发现每个人都是正常身高。其实，地面上人的个子一直都没有改变，只是对他的观察角度发生了改变而已。这样一来，火车的长短取决于它与观察者之间的相对速度就不难理解了。

闵可夫斯基的四维空间

闵可夫斯基在1907年发表了一篇重新解释狭义相对论的文章。在这篇文章里，他提出了一个非常重要的概念，在物理学上被称为"四维时空"。

众所周知，我们日常生活的空间是由长、宽、高这三个维度构成的，可以画出三条经过同一原点且互相垂直的数轴，分别代表了长、宽、高这三个方向。只要知道空间中的某一点在这三条数轴上所对应的数值，就能确定这个点在空间中的准确位置。这就是所谓的空间直角坐标系。

但闵可夫斯基认为，三维空间并不足以描述真实的世界。在他看来，真实的世界应该是下图中呈现的样子。

与三维空间相比，这张图又增加了第四条数轴，它代表的是时间。由于空间的长、宽、高之间互不干涉，所以三条轴会相互垂直。因为时间和空间也互不干涉，所以这条时间轴也会与三条空间轴垂直。不过有个问题：空间和时间的单位都不一样，空间的单位是米，而时间的单位是秒，为什么可以画在一起？

其实，只要让时间乘上某个速度，就可以与空间拥有相同的单位，这个速度就是光速。也就是说，用时间乘以光速后，就可以在原来三维空间的基础上增加一条与其他空间轴都垂直的时间轴。这样一来，原本的三维空间就变成了四维。这就是所谓的闵氏四维时空。

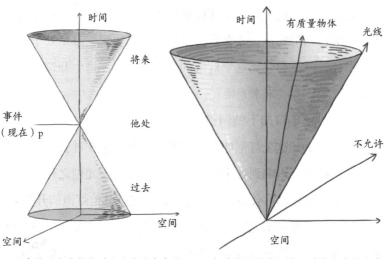

◎图中的两个光锥将时空分成给定事件的将来、过去和现在。

◎有质量的物体，其运动轨迹在将来光锥之内。

在闵氏四维时空中，时间和空间不再是两种毫无关联的事物，而是通过光速紧密地联系在一起了。换言之，在狭义相对论中，时间和空间其实是同一个事物的两个不同侧面。

这张图上还有两个大小相同且顶点相交的圆锥，名叫光锥。可以设想一个灯泡发光的例子。按下灯泡开关，它就开始发光，光线会呈球形向外扩散，从而变成一个越来越大的光球。为了画图方便，可以减少一个空间的维度。将这个光球投影在地面上，一个越来越大的球就变成了一个越来越大的圆。现在在这个二维平面上加上一条时间轴。这样一来，最下面的是一开始的点，中间是传播过程中的小圆，最上面的是传播到后期的大圆。这样，就变成了一个开口向上的圆锥。如果把这个圆锥无限地延伸下去，它就限定了这个灯泡未来能够产生影响的时空区域：只有处于这个圆锥内的物体，才会被这个灯泡的光照到，凡是处于圆锥外的物体，都不会受到这个灯泡的影响。所以，这个开口向上的圆锥，就被称为"未来光锥"。

至于那个开口向下的圆锥，则被称为"过去光锥"。它限定了过去能影响到这个灯泡的时空区域。凡是发生在过去光锥之外的事件，都不会影响到这个灯泡。你若是在过去光锥之外按下开关，这个灯泡肯定不会亮，因为你按的肯定是其他灯泡的开关。

过去光锥和未来光锥构成的沙漏图形，就限定了能与一个事物发生因果关系的时空区域。明白了这个图形，也就掌握了狭义相对论的精髓。

图说相对论

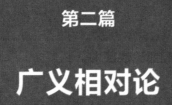

第二篇

广义相对论

第一章
适合任何参考系的相对论

爱因斯坦对广义相对论的探求

在 1905 年提出的狭义相对论中,爱因斯坦并没有将引力包括在内,因而狭义相对论只对不存在加速或者速度方向发生变化的惯性参照系有效。爱因斯坦希望能够把狭义相对论的结论推广到所有的参考坐标系中,包括那些方向或速度发生变化的参照系。

根据牛顿的万有引力定律,如果一个引力场发生了变化,那么受到这个引力场作用的所有物质都会立即同步自动调整到新的状态。然而,根据狭义相对论,光的传播速度是宇宙中所有速度的极限,其中,当然也包括任何信息的传递速度,所以不可能存在那种与引力场同步变化的反应。这就是牛顿的万有引力定律和爱因斯坦的狭义相对论矛盾的地方。

为了解决上述问题,爱因斯坦开始研究一种适用范围更广的相对理论,该理论把引力作为一种不变量包括在内。1911 年,他开始对这方面进行研究,并最终提出了广义相对论。

对牛顿引力理论的改造

1905 年,那篇论述狭义相对论的论文发表的时候,爱因斯坦还是一位默默无闻的专利局事务员，但他并没有放弃对物理问题本质的探寻。早在 1907 年准备狭义相对论的一份综述的时候，他就发现当时的狭义相对论无法兼容牛顿的万有引力定律。从那时起，爱因斯坦就开始考虑改造牛顿的引力理论，以便把它们纳入相对论的框架。

太空深处的太空舱

按照习惯，爱因斯坦提出了一个思想实验来考虑这个问题。在该思想实验中，假设在遥远的外太空中存在一个巨大的太空舱，里面有一位观测者。这个太空舱没有受到任何引力场的影响，观测者在其中处于飘浮状态。

在这个基础上，爱因斯坦又进一步假设太空舱被一根绳子系住，绳子的另一端则受到一个恒定外力的作用。在这个外力的作用下，太空舱会沿着绳子的方向向下做加速运动。那么，原本处于飘浮状态的观测者会发现他被一种外力拉到了太空舱的底部，并且只能站立在那里。

这位观测者还可以做各种实验，比如让物体自由下落或者让物体顺着斜面滚落等。在实验的过程中，他会发现所有物体的运动都有一个方向向下的恒定加速度。根据上述现象，观测者会最终得出结论，他所在的空间处于一个引力场的作用范围内。如果观测者知道自己正处于一个巨大的太空舱内，他可能会对太空舱本身并没有下落的现象感到迷惑。但是，一旦发现了那根绳子的存在（外力通过它牵引太空舱），观测者会明白，太空舱实际上是悬挂在绳子上的。

这位观测者得到的结论是否正确呢？爱因斯坦认为，不论这位观测者是处于太空舱内还是处于能看到整个系统的太空舱外，他将会得出完全相同的结论。换言之，任意一个处于匀加速运动的太空舱（参考坐标系）与处于引力场中的太空舱并没有任何区别。

爱因斯坦生命中最愉快的一次思考

事实上，正是根据上述简单的思想实验推导出了广义相对论的一些基本原则。狭义相对论的基本思想是，所有的惯性参考坐标系都是等价的。换言之，参考坐标系是处于静止状态还是处于匀速直线运动状态，对于这个问题，观测者无法根据任何实验结果做出判断。在这个基础上，广义相对论进一步推广了相对的思想。在广义相对论的框架中，处于加速状态的参考坐标系和处于均匀分布的引力场中的参考坐标系等价。这个思想被称为爱因斯坦的等价原则。1907 年，爱因斯坦表示，这个发现是他生命中最愉快的一次思考。

等价原则的逆逻辑也成立。加速运动状态不但能产生引力场所具有的特性，而且还能抵消后者的影响。比如说，当电梯的安全绳被剪断后，整个电梯以及电梯中的乘客都会在地球引力的作用下做自由落体运动，此时乘客们会体验到失重的感觉。当然，他们可能会由于非常恐惧而不能细细享受这种状态，但事实上，这种物理状况与太空舱中的那位观测者所处的情况完全相同。电梯中的乘客与太空舱中的观测者都体验着失去地球引力的感觉。

　　在某些游乐场中，有一些被称为"自由落体"的大型娱乐设施，乘坐"自由落体"设施的乘客也能体验到类似失重的感觉。在游戏的时候，这种装置首先会把座位提升到一个高塔的顶端并稍稍悬停一会儿，然后让座位以重力加速度向地面下落。

　　在下落过程中，乘客们被安全带牢牢地固定在各自的座位上，但他们能体验到与周围的物体同时失去地心引力下落的感觉。当然，"自由落体"装置的设计者在接近地面的那段轨道上添加了特殊的减速部件，否则座椅上的乘客将会以极快的速度与地面相撞，很容易发生伤亡事故。

　　在自由落体的过程中，下落的加速度抵消了引力产生的加速度，因而观测者感觉不到引力的存在。由于加速过程和引力作用都与物体的质量有关，物体的惯性质量与引力质量完全相等，所以自由落体的加速状态可以完全抵消引力场带来的影响。但在一般情况下，我们无法用加速状态来抵消电场的影响。这是因为电场的作用与物体携带的电荷数量有关，而与物体的质量无关。

引力场中光线会弯曲

　　1911年，爱因斯坦进一步发展了等价原则思想，并提出了广义相对的概念。作为相对原则的一部分，爱因斯坦意识到处于引力场中的光线会发生弯曲。然而，由于只考虑用地面实验来验证上述预测，爱因斯坦认为这种可能性微乎其微。

在 1911 年发表的论文中，爱因斯坦意识到，也许可以通过观测天文现象来验证光线弯曲的预测。他认为星体和星系的质量足够巨大，能使经过其引力场的光线发生可测量到的弯曲。

为什么光线会弯曲

事实上，光线弯曲是等价原则的一个直接结果。假设地面上的一部电梯处于自由落体状态，有一束激光从电梯一个侧面发出，那么它将在对面的板上留下一个孔。由于电梯本身是一个惯性参考坐标系，这束激光将在对面板上的相同位置击穿从而形成小孔。如果激光在电梯静止的时候发射，结果将会完全相同。

然而，假设电梯上有一扇窗户，而且在电梯的外部有一位观测者，他通过这扇窗户观测那束激光。由于地心引力的作用，在外部观测者看来，电梯正朝着地面做加速降落运动。如果激光束仍然要在对面板上的相同位置留下小孔，那么激光束本身也必须随着电梯的降落产生相同加速度的下降运动。

根据外部观测者所在的静止参照系，这条激光的运动路径将会是一条曲线。所以，甚至光都会受到引力的影响，引力场会使光通过的路径发生弯曲。由于光传播的速度非常快，这种弯曲程度会非常微小。所以，只有在满足两个条件的情况下，人们才能观测到这种光线弯曲的现象：一是引力场的场强足够大（产生引力场的物质质量非常大）；二是光在引力场中运动的距离足够远。

来自实测数据的证实

根据 1919 年 5 月 29 日那次日食的观测结果，爱因斯坦的关于光线会在引力场的作用下发生弯曲的预言得到了验证。在那次日食过程中，天文学家对太阳附近星体的位置进行了非常仔细的测量，并发现那些星体的角度位置大约偏移了1.7秒。这个数值非常微小，但符合爱因斯坦的预测结果。这次观测的精度足以证实爱因斯坦的理论，同时也使当时科学理论的计算精度得到了提高。

当相对论被1919年的那次日食观测验证之后，爱因斯坦一夜成名，一个天才的神话也从此开始延续。

爱因斯坦和他的广义相对论一时间成为世界舆论的中心。然而，人们对他的理论是否完全正确还存在一些疑问。在那次日食的观测过程中，测量数据的最大误差达到了20%，其精度不足以

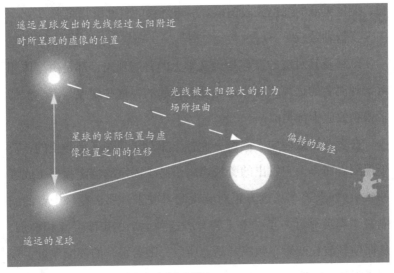

遥远星球发出的光线经过太阳附近时所呈现的虚像的位置

光线被太阳强大的引力场所扭曲

星球的实际位置与虚像位置之间的位移

偏转的路径

遥远的星球

◎爱因斯坦预言，甚至光都会受到引力的影响。

否定当时的其他一些引力理论，所以也无法确定爱因斯坦的理论就是正确的。1989 年至 1993 年，根据依巴谷卫星的数据，科学家们绘制出精确度足够高的恒星位置图，这才为爱因斯坦的广义相对论提供了充分证据。当时的结果显示，相对论预测的精度可以达到万分之一。面对上述结论，原来对广义相对论持极端怀疑态度的科学家们也不得不表示信服。

发现引力红移

根据 1911 年那篇文章的论述，等价原则的另一个结论是引力红移。引力红移，是指：当光从一个质量巨大的物体附近逃逸时，它会损失一部分能量。同时，它在光谱中的位置会向波长更长、能量更低的红色波段偏移。引力红移的名称由此而来。

多普勒效应

红移及其对应的蓝移是天文学上的普遍现象，都是由星体相对于观测者的远离或者靠近运动而引起的，这些现象与声学上的多普勒效应十分类似。

在多普勒效应中，假设一辆警车相对于观测者是静止的，对于观测者而言，它发出的警报声属于某个固定的特定频率（或者波长）。如果警车从远方正对着观测者驶来，那么在每个音的间隔警车都会靠近一点。由于警车的这种运动，声波会互相叠加，从而使其波长变短、频率升高。所以，随着警车的逐渐靠近，观测者听到的警报声调也会越来越高。

图说相对论

一旦警车从观测者身边驶过，那么，在每个音的间隔期间，警车都会远离一些。由于组成声波的各个波之间的间隔时间变长，因而声波的波长变长、频率变低，警报声调也就越来越低。

红移和蓝移

光的红移与多普勒效应类似。假设存在一个不断发射某种波长（颜色）的光源，并且它正对着我们移动。由于光源的移动，相对于我们而言，光波的相邻波峰之间的距离不断缩小，波长也就相应变小，其在光谱中的位置会向蓝色波段一侧发生偏移，科学家们把这种现象称为蓝移。红移则恰恰相反。如果存在一个远离我们运动的光源，相对于我们而言，光波会产生拉伸，从而使

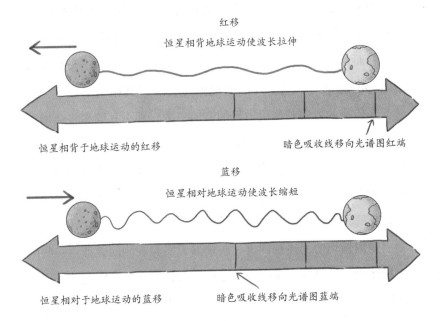

红移

恒星相背地球运动使波长拉伸

恒星相背于地球运动的红移　　　　　　暗色吸收线移向光谱图红端

蓝移

恒星相对地球运动使波长缩短

恒星相对于地球运动的蓝移　　　　　　暗色吸收线移向光谱图蓝端

光的波长变长，其在光谱中的位置也会向红色波段一侧发生偏移，这种现象因而被称为红移。

回顾电梯思想实验

正是由于上文中所提到的原因，电梯思想实验中激光束会发生红移。然而，如果激光束的方向发生了改变，自上而下穿越电梯，那么会产生什么结果？根据相对原则，做自由落体运动的电梯可以等效为一个惯性参考坐标系。因而，观测者无论处于电梯底部或者电梯顶部，只要在电梯内部，他们对激光束的观测结果就会完全相同。

假设还有一个位于电梯外部的观测者，他也试图测量激光束发出的光的频率。在电梯开始自由下落的一瞬间，激光束发射。那么，电梯里的观测者与电梯外的观测者会观测到相同的初始频率。然而，由于电梯在地球引力的作用下加速下降，当激光束到达电梯的底部时，电梯外部的观测者会发现其频率增加了。因而，光传播的方向若与引力场的方向一致，那么其频率将会增加（也就是蓝移）。我们也可以做一个相反的实验：让激光束从电梯的底部向顶部发射。在这种情况下，电梯外部的观测者会发现激光束的频率降低。因此，如果光的传播方向与引力场的方向相反，光的频率将会降低（也就是红移）。

爱因斯坦的上述预测再一次获得了实验观测的验证。一些巨大星体表面的某些元素会向外发出辐射，天文学家们对其进行了计算，并与地球上相同元素发出的辐射进行比较。结果显示，那些来自遥远星球的光发生了红移，而且其偏移量与爱因斯坦的理论计算结果非常吻合。

引力是不平坦时空的结果

狭义相对论一个非常著名的推论是，质量和能量是等效的。这被概括为爱因斯坦著名的方程 $E=mc^2$。爱因斯坦指出，一个物体实际上永远达不到光速，因为那时它的质量会无限大，而根据上述爱因斯坦方程，能量也必须达到无限大。所以说，相对论限制了物体运动的速度，即除了光或没有内禀质量的波，其他任何正常的物体都无法超越光速，只能以等于或低于光速的速度运动。

这样一来，相对论和牛顿理论就产生了不可调和的矛盾。我们知道，牛顿理论指出物体之间是互相吸引的，吸引力的大小依赖于它们之间的距离。这意味着，如果我们移动其中一个物体，那么另一个物体受到的吸引力会马上改变。拿太阳来举例，假设此刻太阳消失了，那么按照牛顿理论，地球会立刻觉察到太阳的吸引不复存在而脱离轨道。此时，太阳消失的引力效应会以无限大的速度到达我们这里，而不像狭义相对论要求的那样，等于或低于光速。

从 1908 到 1914 年，爱因斯坦一直在寻找一种能协调狭义相对论和引力理论的理论。1915 年，在经过近十年的思考研究之后，他终于提出了广义相对论，使狭义相对论和引力论得以相互协调。

爱因斯坦在广义相对论中提出了一个革命性的设想，即引力

◎由于太阳的质量太大，从遥远恒星发出的光通过太阳附近时会被折弯，地球上的观察者看到的该恒星的位置就会出现偏差。

并不是我们以前认为的平坦时空中的力，而是不平坦时空这一事实导致的结果。广义相对论提出，在时空中的质量和能量的分布使时空产生弯曲或者"翘曲"。像地球这样的物体并非受到称为引力的力的作用而沿着轨道运动，而是沿着弯曲轨道中最接近直线路径的东西运动，这个东西被称为测地线。测地线是相邻两点之间的最短（或最长）的路径。例如，地球表面是个弯曲的二维空间，地球上的测地线被称为大圆，赤道就是一个大圆。

在广义相对论中，虽然物体总是沿着四维空间的直线走，但在三维空间里看来，它还是沿着弯曲的路径走。举例来说就是，一架在山地上空飞行的飞机是沿着三维空间的直线在飞，但它在二维地面上的影子却是沿着一条曲线来走的。

由此我们知道，太阳的质量正是以这样的方式弯曲了时空，使在四维时空中地球虽然沿着直线的路径运动，在我们看来却是沿着三维空间中的一个椭圆轨道运行。在这一点上，广义相对论和牛顿引力的预言几乎完全一致，它们都能准确地描述行星的轨道。但人们随后就发现，一些行星和牛顿理论预言的轨道偏差同广义相对论非常符合，由此验证了广义相对论的正确性。

时空是弯曲的事实意味着，光线并不像在空间中看起来那样沿着直线行走。事实上，光线在时空中也必须遵循测地线，这就是广义相对论预言的光会被引力场折弯。按照这个预言，由于太阳的质量，在太阳附近的光的路径会稍微弯曲。这意味着，从遥远恒星来的光线在恰好通过太阳附近时会偏折一个角度，使在地球上的观测者看来该恒星出现在了不同的位置上。

1919 年，一支英国探险队从西非观测到了日食，证明了光线确实像理论预言的那样会被太阳偏折。由此，人们更加肯定了广义相对论的正确性。

空间会发生弯曲

爱因斯坦继续着他在广义相对方面的工作。1912 年，他意识到，有一些简单的形式变换，在原先狭义相对的情况下成立，但在更一般的情况下却不再适用。在研究广义相对论的过程中，他最终发现，只有在欧几里得几何原理不对所有的系统都普遍适用的前提下，等价原则才能得到所有的加速运动系统都是等价的结论。

欧几里得几何

上过数学课的人都知道，欧几里得几何是一种关于线段、平面、多边形与曲线的简单几何理论。其特点是简单、抽象，并且充满了几何和数学证明。但其内容只是爱因斯坦相对论中的特殊情况，因而也即将成为 20 世纪之前的数学和物理学遗迹了（和牛顿理论一样）。

弯曲的空间

在爱因斯坦定义的弯曲空间中，所有的法则都变得截然不同。平行线可以相交；三角形的内角和可以不等于 180°。整个宇宙空间变成了一个陌生的古怪世界！质量与能量的分布情况决定了空间的弯曲和时空的性质，而空间的弯曲又反过来确定了物质的运动方式。

爱因斯坦提出的弯曲空间还解释了引力同时变化的问题。关于远近不同的物体所受到的引力是如何同时发生变化的，牛顿引力理论对此并没有给出解释，这也一直是物理学上的一个难题。远近不同的物质对引力场的变化同时做出反应，如果要让上述结论成立，自然界中就势必存在一种超光速的信息传播速度。然而，根据狭义相对论，光速是宇宙中所有速度的上限。换言之，上述情况不可能发生。

弯曲空间概念的提出则解决了上述问题。一方面，由于物质的分布是空间发生弯曲的根源，某个物体的运动会在附近的弯曲空间中产生波纹。并且，这些波纹将以光速传播。另一方面，附近的弯曲空间决定了该物体的运动方式，因而，物体不会感觉到引力场中瞬间的变化。就这样，在不违反狭义相对原理（光速是宇宙速度的极限）的前提下，爱因斯坦解决了这个难题。

海拔越高，时间流逝越快

在狭义相对论中，爱因斯坦阐明了时间并不是绝对不变的物理量，后来又进一步扩展了上述思想（结合引力红移现象）：在不同海拔的位置，时间流逝的速度也有差别。根据引力公式，引力的大小会随着海拔的增高而递减。一个位于高山顶上的物体距离地心的距离比地面上的物体更远，所以其所受的引力也就更小。

高山上的时钟走得更快

世界上最精确的时钟是原子钟，它根据不同原子（通常是铯）产生的振动来计时。然而根据引力红移原理，原子振动的频率会随着所受引力的不同而发生变化。换言之，原子振动的频率取决于它们所处位置的引力场的强度。由于海拔越高，引力的作用就越弱，所以原子的振动频率也会发生相应的变化。最后推导的结果是，在海拔越高的位置，时间流逝的速度也越快。

海拔较高的位置的时间流逝加快效应已经得到了实际测量的验证。在美国科罗拉多州的博尔德（一个海拔约 1640 米的位置）和英国某地（其海拔几乎为零），科学家各放置了一个同样的原子钟。每隔一年，前者要比后者快大约一百万分之五秒。由于这两个原子钟的精度可以达到低于每年一百万分之一秒，时间流逝速度的变化因而得到了验证。

在全球定位系统中的应用

广义相对论描述了影响时间流逝速度的因素，全球定位系统（GPS）中卫星的计时就是对该理论的一个重要应用。全球定位系统是一个由许多卫星构成的网络。在地球上的任何一个角落，任何时刻都能至少同时观测到其中的3颗卫星。根据卫星信号中所包含的卫星位置信息以及发送的时刻信息，GPS接收系统能够以极高的精度计算出观测者所在的位置。

对那些在野外或者缺少路标的环境中跋涉的旅行者而言，GPS接收系统是最常用的工具；GPS接收系统还被集成在汽车的计算机系统中，在缺少地图的情况下，它就可以协助驾驶员导航；GPS接收系统还被运用在军事领域，可以为飞机或者其他军用设备进行导航，这对国家安全而言极其重要。

为了让GPS能够正常工作，卫星接收到信号时，必须保证它能够精确地记录下这个时刻。因而，卫星上的时钟必须进行校准，这样才能对地面上的目标进行精确的定位。时间校准源于两个方面因素：一部分误差来自卫星运动时产生的时间膨胀效应，这是根据狭义相对得出的结论；另一部分误差来自卫星轨道上的引力场的变化，这是根据广义相对得出的结论。

1977年，当第一颗全球定位系统中的测试卫星被送入预定轨道时，是否需要根据广义相对原理对卫星上的计时装置进行校准，科学家们对这一点还心存怀疑。对于计时装置的主体部分，科学家们在最初设计的时候并没有根据广义相对原理对时间进行校准，而是设计了一个在需要的情况下可以激活的独立校准模块（如果爱因斯坦的理论正确就可以进行弥补）。

经过三个星期的试运行，卫星上时钟显示的时间果然与地球上时钟显示的时间不一致，而且两者的差异与爱因斯坦理论的计算值完全相同。最后，科学家们激活了那个时间校准模块，并让它一直正常工作。

完美解释水星近日点进动

为了更准确地描述相对性，以便做进一步的扩展研究，爱因斯坦发展了很多数学工具（就像牛顿提出了微积分方法描述他的运动理论一样）。1913～1914 年，爱因斯坦与当时很多伟大的数学家合作发表了一些论文。其中，他扩展了张量演算与微分几何的理论。

1915 年 11 月，当对引力场公式进行最后的推导时，爱因斯坦实现了一个重大突破，解决了水星近日点之谜。在当时，水星近日点的实际位置与理论计算结果之间存在偏差，这一直是让物理学家和天文学家们感到迷惑的问题。

1855 年，法国天文学家约瑟夫·勒维耶首次发现，每隔 100 年，水星的近日点在轨道上靠前的幅度都要大于当时理论计算的结果。如果水星存在卫星，上述现象就可以得到合理的解释。勒维耶花了多年时间寻找这颗卫星，最后还是失败了。在当时，出现了许多试图解释上述现象的理论。有人认为，水星内部的形状或者密度改变造成了上述现象；也有人认为，在水星轨道的内侧存在一颗尚未发现的行星；甚至还有人认为，牛顿引力公式中的距离平方反比律是错误的。但这些理论没有一个可以得到观测结果的证实。直到 1915 年，这个问题才最终得以解决。

1915 年，爱因斯坦获得了一组有关水星运动的非常精确的数据。数据显示，每隔 100 年，水星的近日点位置就会靠前 43 角秒，爱因斯坦运用广义相对的引力理论对其进行计算，结果恰恰是 43 角秒度，与实际情况完全一致。因而，在不引入看不见的行星或者卫星等其他机制的情况下，爱因斯坦就彻底解决了这个问题。

广义相对论的最终形式

经过一系列错误的尝试与后续更正后，爱因斯坦最终于 1915 年 11 月 25 日发表了一篇名为《引力场公式》的论文。他在文中给出了描述广义相对的公式。事实上，在这之前的 1912 年 ~ 1915 年，他已经发表了多篇论述广义相对的论文，每一篇都是对前一篇的更正、改动和扩展。当时，许多同事都对他能在如此短的时间内发表一系列的论文感到惊讶。

在 1916 年 3 月的一篇文章中，爱因斯坦以深入浅出的语言对广义相对的一些基本概念进行了解释和总结。后来，他又发表了一篇广义相对方面的论文。现在，这两篇论文已经成为研究广义相对方面的最初文献，并被广泛地引用与论述。

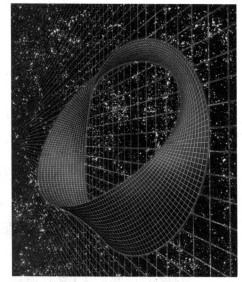

◎封闭宇宙的弯曲展现了宇宙的有限容量和没有任何棱角。

广义相对论的三个主要基本概念如下：

1. 空间与时间都不是绝对的，其形式与结构受物质和能量的影响。

2. 物质和能量是时空弯曲程度的决定因素。

3. 空间及其弯曲程度决定了物质的运动方式。

当时，有一些科学家怀疑甚至反对爱因斯坦的理论。与他们所预料的恰恰相反，广义相对论并不是无稽之谈。它是一种有着坚固的物理学基础并且被实验不断证实的理论。然而，在爱因斯坦去世很久以后，广义相对论才获得了充分的证明。从那时起，越来越多的科学家开始理解爱因斯坦提出的划时代理论，甚至有少数人还扩展了他的理论。

第二章

广义相对论的核心理念

广义相对论浅释

20世纪早期由阿尔伯特·爱因斯坦推导出来的狭义相对论描述了观测者和系统相对彼此处在统一的恒定运动中。爱因斯坦想要将这一工作扩展到加速参照系中，他系统地阐述了关于引力的一种新理论，到目前为止，它被证明是最为正确的。

广义相对论的基石是等价性原理。这一原理提出势阱（具有引力场的物体的周围区域）中的状况可以通过一个加速中的参照系得到再现。有一个力（如引力）作用于其上的参照系可以通过恰当的加速度的应用而抵消。因此，这意味着力和加速度等价。

运用广义相对论的定律，空间的三个为人所熟知的维度（上和下、左和右以及内和外）可以与向前的一维（时间）相连。它们可以被看作四维的时空连续体，连续体中两个物体间的最短距离是测地线。尽管测地线通常都是直的，但时空连续体可能是弯曲的，因此测地线的真实形状也是弯曲的。这种弯曲发生在大质量物体——如恒星、行星以及在更大尺度上的星系——扭曲了时空连续体并成为势阱时。电磁辐射中的光子在时空连续体中沿着直线传播，但当它们靠近势阱时，便在三维空间中转化为曲线。这导致的一个结果就是名为引力透镜的现象，它使遥远的一个天体（如类星体）分解成了两个或者更多的图像，这是由一个介入中的星系的引力场造成的。

广义相对论不再将引力作为一种力来解释其效应，这可以通过对行驶在道路转弯处的汽车来解释：乘客被离心力推向一侧。但这仅仅是一种表观力，乘客的身体实际尝试继续沿直线运动，但与正向新的方向运行的汽车的侧面接触。引力可以被看作一种类似于离心力的表观力。

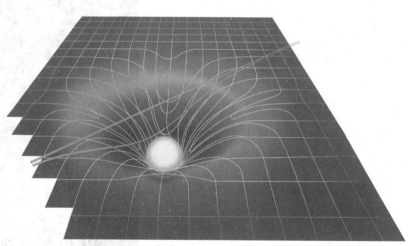

◎根据广义相对论，太阳会导致时空连续体内的变形，并且使经过太阳附近区域的无线电信号发生延迟。这些效应由美国国家航空航天局（NASA）于20世纪70年代中期发射向火星的"海盗号"空间探测器测试过。当火星位于太阳的远端时，无线电信号的传输时间比所需的时间多了100毫秒。多出的时间等价于无线电波多传播了30千米，这被解释为无线电波进入再穿出太阳的势阱造成的。

弯曲的时空连续体中直线路径的概念可以通过地球表面上的两个人形象化：他们都站在赤道上，但位于不同的经度，没有人会怀疑如果他们走在平行的路径上，那么他们不会相交。但如果他们持续向北沿直线走到北极点，他们会越来越接近。如果他们以相同的速度前进，那么他们将在北极点相遇。这看起来像是有种引力将他们拉到了一起，但他们所做的只是沿着弯曲表面（地球）上的直线路径行走。引力可以用这种方式来理解，但因为人类是三维的存在，所以我们不能够感知宇宙在第四维上的弯曲。这种弯曲的效应就是被称为引力的力。

时空弯曲论

牛顿认为，整个宇宙的几何形状是扁平的，而爱因斯坦并不赞成这个假设。实际上，根据爱因斯坦的广义相对论，整个宇宙的形状从总体上来说大致是一个弯曲的球体。

宇宙的几何形状存在三种可能性。

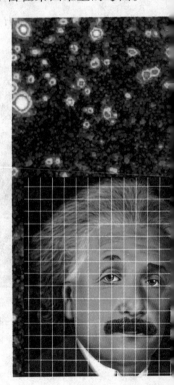

◎在平坦的宇宙中，平行线将永远平行，物质，比如宇宙中的星系的平均分布将呈现在我们面前，就如它的本来面目。这一假设状态通过爱因斯坦的图像得到了证明：在平坦的几何结构下，不发生任何扭曲。这一几何状态被直现到现在为止对于深空的研究结果所证实。现在，天文学家相信，宇宙的膨胀并不在减速，而是在加速中。

图说相对论

虽然我们很难想象出这三种可能形状的准确形式，但是我们可以在一个二维空间里为这些可能的形状画出一个示意图。

第一种形状被称为"封闭的宇宙"，它是一个正圆球的立体

◎尽管天文学家有着计算恒星乃至星系中物质的量的可靠方法，但要计算整个宇宙中所有物质的重量并不那么容易。天文学家转而关注我们看到的遥远星系在宇宙上的曲率效应。如果空间在引力下是正曲率的，我们认为平行线将会最终相交，因此我们看到遥远的星系的密度将下降。事实上，对于深空的研究（如这张图片所示）说明星系的分布或多或少是调和的，这表明空间有着平均的几何结构。对非常遥远星系密度的研究同样支持了这一结论：如果宇宙是闭合的，我们可以认为遥远星系的密度下降。

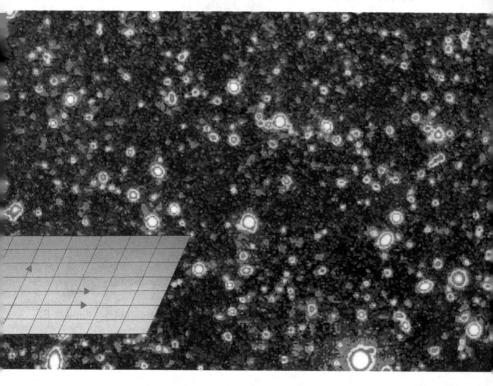

◎闭合宇宙的几何形状如这里的半球和变形的阿尔伯特·爱因斯坦的图片所示（他本人并不相信宇宙是处于膨胀中的）。在球面上，平行线相交。如果爱因斯坦的标准图像被投影到球面上，再重新绘制到平面（就如我们在球面上看到的那样）上，脸部的四周将被拉伸，而中心被压缩。这支持了关于闭合宇宙中遥远星系将比邻近星系看起来密度更低的见解。

◎在开放宇宙的情形下，空间有着双曲面的形状，像马鞍一样。在这样的几何结构下，平行线最终背离。如果这种形状下图像被投影到平坦表面上，我们能够看到与球面上相反的扭曲：图像的中心被拉伸，外围被压缩。这意味着遥远星系将看起来比邻近星系更致密。

图说相对论

形状。这一宇宙结构形式的体积是有限的，没有任何棱角，并且从二维的角度来看呈圆球状。这种效果可以通过比较地球的平面图片得到。正如地球的表面形式一样，在封闭的宇宙模式下，如果你沿着任何一条直线往前走，那么你最终会走回出发点。由于质量条件充足，宇宙的膨胀最终会停下来，然后依照万有引力定律开始出现收缩，最终收缩成一个空间和时间均被无限扭曲的极限点。这个理论正好与宇宙大爆炸论相反，它被称为"大坍缩"。有一些人曾大胆地提出，应该给介于膨胀和坍缩之间的宇宙论模式冠以"大反弹"的学名。

第二种可能的形状就是一个"开放的宇宙"，它是一个非正圆体的形状。这个非正圆体近乎一个双曲面的形状，是由自身的弯曲所形成的。从二维的角度来看，这个形状有点类似于某种鞍状物。这种模式下的万有引力没有足够的力量停止膨胀扩张的进程。

第三种可能的几何形状被称为"平坦的宇宙"，也就是说，宇宙没有任何曲面。在这种形状模式之下，宇宙同样是无穷无尽的，而且其膨胀或者扩张将会永远持续下去，只是其进程要比开放的宇宙模式稍微缓慢一些。

变慢的时间

科幻电影中有这样的情节：一个人坐着宇宙飞船去太空旅行，几年后回到地球却发现时间已经过了几百年。这听起来匪夷所思，但却是科学理论之下的推断。狭义相对论告诉我们，对相对运动的观察者们来说，时间推移得不一样。换句话说就是，运动中的钟表会变慢。这就导致了双生子吊诡现象的出现。

我们通常会认为，两只一模一样的钟表，其每时每刻表针的走动都是一样的，所显示的时间也应该是一样的。可事实上，下面的实验会告诉你，即便是相同的钟表，当它们本身的运动状态不同时所显示的时间也会是不同的。

实验开始之前，需要先在天花板上吊上一个挂有镜子的箱子，同时在地板上放置一个光源。这样一来，当光从光源向上射出时，就会从天花板的镜子上反射回地板。这里，钟表会把光从地板射出并返回地板的时间定为一个单位时间。

我们知道，当箱子静止时，如果用镜子离地面的高度除以光速，就能得出光由地板到达天花板所需的时间，用结果乘以2，就能得到光往返所需的时间。那么，假设现在让箱子以一定的速度做匀速直线运动，箱子里的人会有什么感觉呢？他是否还是会看到，光先从地板上垂直向上运动，到达天花板被反射后垂直向下运动，然后到达地板？而且，同样的一个光线反射过程，在房间里静止不动的人看来，情形又怎样呢？

事实上，当箱子运动时，由地板发出的光，看起来会随着箱子本身的运动倾斜地上升，经天花板上的镜子反射后再倾斜地下降抵达地板。这样一来，跟箱子里的人所见的比起来，箱子外的人看到的情景是，光似乎走了更长的一段距离。也就是说，光多

图说相对论

走了箱子运动的那段距离，而房间里的人测得的光的往返时间，就是用他看到的光移动的距离除以光速得到的，其数值无疑要更大一些。

由此我们知道，房间里的人测得的光的往返时间比箱子里的人测得的时间更长。这说明，运动中的钟表在静止的人看来，会比自己的钟表长 1 个单位时间，即运动中的钟表会变慢。

根据以上结论，我们来看看双生子吊诡现象。同时出生的一对双胞胎，A 留在地球上，B 随着一艘宇宙飞船到太空中去旅行。假设 B 所搭乘的太空船速度是光速的 80%，他到达目标恒星需要 5 年，来回需要 10 年。这样，当他最终返回地球的时候，A 就是 10 岁。而 B 呢？由于他以近光速旅行，所以他在飞船上只度过了 6 年的时间，也就是 6 岁。当然，如果 B 乘坐的太空船速度达到光速的 99%，那么他往返地球可能只需要 1 年时间。

为何 B 会更年轻？毫无疑问，由运动中的钟表会变慢我们得知，以 A 所在的地球为参考物，B 在高速运动，所以测量他的时间的钟表会变慢，他自然就老得慢。可这样一来，一个问题就出现了。根据相对性原理，一切都该是相对的，飞船相对于地球运动，地球同时也相对于飞船运动。这样一来，以 B 为参照物，A 所在的地球就是运动着的。由此，根据运动的钟表会变慢的理论，地球上的 A 就应该衰老得更慢。这两个结论，到底哪一个正确呢？是相对论出了差错吗？

真的能前往过去和未来吗

　　"我想乘坐这架机器去时间里旅行。"1895 年，当这句话出现在英国作家 H.G. 威尔斯的小说《时间机器》中时，所有人都被这个"时间旅行"的概念给惊呆了。在时间里旅行？前往过去和未来？这太不可思议了！

　　可事实证明，这个不可思议的想法有着异常旺盛的生命力。《时间机器》之后，描述时间旅行的作品层出不穷。日本动画片《哆啦 A 梦》中，机器猫用写字台的一个抽屉往返于过去和未来；电影《超时空效应》中，主角道格·卡琳利用一种类似于房间的时光机器回到二十多个小时前拯救受难的人们；《哈利·波特》中，哈利和朋友们则使用魔棒和咒语跑到另一个时间……

　　当然，各种各样的科学幻想并不能代表真正的科学理论，人们更关心的是，时间旅行是否真的可行？我们到底能否前往未来或者回到过去？

　　在相对论出现之前，人们一定会毫不犹豫地否定这种可能性。"昨日之日不可留"，时间是恒定的，过去的时间永远不可能再回来！但爱因斯坦"相对论"的提出，彻底颠覆了人们的时间观念，并将"时间旅行"的可能性纳入科学讨论的范畴。在相对论中，爱因斯坦提出"时间是相对的"的说法，认为我们感知到的时间其实是相对的、可以伸展和收缩的、视观察者移动多快而决定的。此外，爱因斯坦还提出光速不变，即光的速度是恒定的，一切物质的运动速度都无法超越光速。因此，假设一个人的运动速度接近或达到光速，那么时间就会变慢或静止。

这太令人振奋了！由相对论，人们意识到，时间旅行是可行的。当我们以接近光速移动时，时间将变得缓慢；以光速移动时，时间将静止；而以超越光速的速度移动时，时光将会倒流。为印证这一点，1971 年，物理学家乔·哈菲尔和理查·基廷将高度精确的原子钟放在飞机上绕地球飞行，然后把读到的时间跟留在地面上一模一样的时钟做比较。结果证实，飞机上的时钟确实走得比实验室里的慢。也就是说，运动速度变快时，时间确实变慢了。当然，由于飞机的速度无法跟光速相比，实验测得的数值差距非常小。

现在我们知道，理论上的时间旅行是可行的，可实际上，要实现时间旅行要跨越的障碍是极其巨大的。

时间旅行的前提

物理定律允许时空旅行的第一个预示，来自数学家、逻辑学家库尔特·哥德尔。

作为一名数学家，哥德尔因证明了不完备性定理而名震天下。该定理说，不可能证明所有真的陈述，哪怕仅仅去证明像算术一样的学科中的所有真的陈述。像不确定性原理一样，哥德尔的不完备性定理也许是我们理解和预言宇宙能力的基本极限。不过，迄今为止它还未成为我们寻求大统一理论的障碍。

后来，哥德尔和爱因斯坦在普林斯顿高级学术研究所里共度

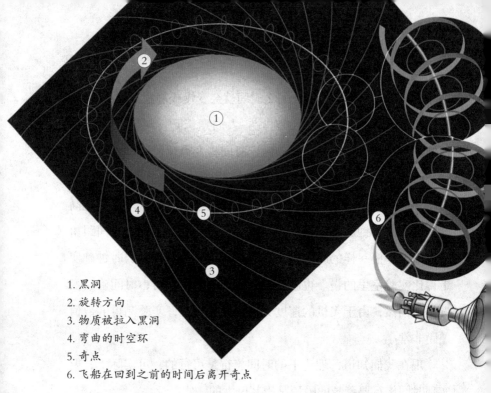

1. 黑洞
2. 旋转方向
3. 物质被拉入黑洞
4. 弯曲的时空环
5. 奇点
6. 飞船在回到之前的时间后离开奇点

◎比星际旅行更为奇异的是穿越时间。按照一种理论，穿越时间可以在旋转中的黑洞附近完成。为了达到这一目标，时间旅行者将需要进入动圈。这是时空连续体受黑洞旋转而被绕圈拖动的区域。如果飞船能够在不穿过视界的前提下离开黑洞，一些物理学家认为它将出现在过去数年的一个时间点上，甚至可能是一个完全不同的宇宙中。

了晚年。就在那时，他通晓了广义相对论。随后的 1949 年，哥德尔发现了爱因斯坦方程的一个新解，即广义相对论允许新的时空。我们知道，虽然宇宙的很多不同的数学模型都满足爱因斯坦方程，但这并不表明它们对应于我们生活其中的宇宙。要决定它们能否对应于我们的宇宙，必须检查这些模型的物理预言。

简单来讲，哥德尔的时空有一个看似古怪的性质：整个宇宙都在旋转。可以想见，旋转意味着不停地转下去。可这难道不表明存在一个固定的参考点吗？对此，人们肯定会问："它相对于何物旋转呢？"这个答案大体来说是这样的：远处的物体相对于宇宙中的小陀螺或陀螺仪的指向旋转。而这，事实上导致了一个附加的数学效应，即如果一个人从地球出发到远距离之外的星球去旅行，然后再返回，那么他将会在出发之前即已回到地球。

在爱因斯坦看来，广义相对论是不允许做时间旅行的。然而，他的方程又实实在在存在这种可能性。不过，因为我们的观测显示我们的宇宙并没有旋转，或者至少没有很明显的旋转。因此，哥德尔宇宙不对应于我们生活的宇宙。另外，哥德尔宇宙也没有在膨胀，而我们的宇宙却在膨胀。不过，科学家随后又从广义相对论中找到了其他一些更合理的时空，它们允许旅行到过去。

允许旅行到过去的时空，其一是旋转黑洞的内部，另一个就是包含两根快速穿越的宇宙弦的时空。宇宙弦是弦状的物体，它具有长度但截面很小。具体来说，它们看起来更像是在巨大张力下的橡皮筋，其张力大概是 1 亿亿亿吨。举例来说，如果把一根宇宙弦系到地球上，它会把地球在 1/30 秒的时间里从速度为零加速到每小时约 96 千米。初听起来，宇宙弦似乎是科学幻想的产物，但我们有理由相信，它可能在早期宇宙中由对称破缺机制产生。要知道，由于宇宙弦具有非常大的张力，且可以从任何形态开始，因此一旦它们伸展开来，就会加速到非常高的速度。

综上所述，一旦宇宙弦时空开始扭曲，就能旅行到过去。然而，微波背景以及诸如氢和氦元素的丰度观测表明，早期宇宙并不具有这些模型中允许时间旅行的那种曲率。且如果无边界理论是正确的，那么从理论上也能推导出这个结论。这样一来，问题就变成了：如果宇宙初始并没有时间旅行所必需的曲率，那我们随后能否把时空的局部区域卷曲到这种程度，以至于能够允许时间旅行呢？

打不破的光速壁垒

由于时间和空间是相关的，因此一个和逆时间旅行密切相关的问题就是，你能否行进得比光还快。要知道，时间旅行就意味着超光速旅行，即在你的旅程的最后阶段做逆时间旅行，这样就能使你的整个旅程在你希望的任意短的时间内完成。当然，这样做其实就是让你以不受限制的速度行进！就像我们看到的一样，这个结论反过来依然成立：如果你能以不受限制的速度行进，你就能逆时间旅行。

同科学家一样，科幻作家也非常关心超光速旅行的问题。在他们看来，假设我们向着离我们最近的恒星 α-半人马座发送速度达光速的星际飞船，由于它离我们大概有 4 光年的距离，所以预计飞船上的旅行者至少要到 8 年之后才能返回地球向我们报告他们的发现。但如果到更远的银河系中心去探险，就需要更长的时间——大约 10 万年。这样一来，对那些想要写一场星际大战的科幻作家来说，前景似乎就不太乐观了！

但相对论提出时间不存在唯一的标准，这样每一位观察者都拥有他自己的时间测量。这样一种时间是用观察者自己所携带的钟表来测量的。对时空旅行者来说，这个旅程可能就比留在地球上的人的感觉要短得多。不过，对那些只老了几岁的回程空间旅行者来说，这种情况无疑凄惨了许多，因为他们会发现留在地球上的亲友们已经死去了几千年。也正因如此，科幻作家为了使人们对他们的故事更有兴趣，必须设想有朝一日我们能够运动得比光还快。可在此过程中，他们没意识到的是，如果你能运动得比光还快，即你能向着时间的过去运动，你势必要面临像下面这首打油诗说的一样的情况：

年轻的小姐名叫怀特，
她行得比光还快。
她以相对性的方式，
在当天刚刚出发，
却早已于前晚到达。

关键问题在于，相对性理论认为不存在让所有观察者同意的唯一时间测量。与此相反，它认为每位观察者都有自己的时间测量，且在一定情况下，观察者们甚至在事件时序上的看法也不必一致。也就是说，如果两个事件 A 和 B 在空间上相隔得非常远，一个飞船必须以行进得比光还快的速度才能从 A 到达 B。

那么两个以不同速度运动的观察者，就会对事件 A 和事件 B

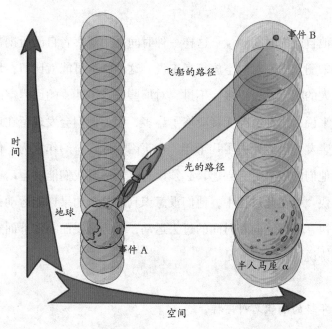

时间

飞船的路径

事件 B

光的路径

地球

事件 A

半人马座 α

空间

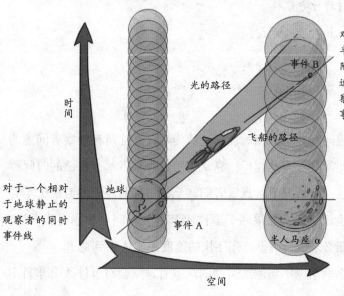

光的路径

事件 B

对于一位在
半人马座 α
附近以近光
速运动的观
察者的同时
事件线

时间

飞船的路径

对于一个相对
于地球静止的
观察者的同时
事件线

地球

事件 A

半人马座 α

空间

究竟谁发生在谁前面争论不休。现在，假设把 2012 年奥运会 100 米决赛的结束作为事件 A，把比邻星议会第 100000 届会议的开幕式作为事件 B。假设对地球上的一名观察者来说，事件 A 先发生，一年后的 2013 年事件 B 才发生。我们知道，地球和比邻星相距 4 光年左右，因此这两个事件必须满足上述的判断，即虽然 A 在 B 之前发生，但你必须行进得比光速还快才可能从 A 到达 B。这样一来，对身处比邻星、在离开地球方向以接近光速旅行的观察者来说，事件 B 就在事件 A 之前发生。

他会这样对你说：如果你可以超光速运动，你就能够从事件 B 到达事件 A。事实上，如果你的旅行真的够快，你甚至来得及在赛事开始之前从 A 地赶回到比邻星，并在得知谁是赢家的基础上投注成功。

然而，要打破光速壁垒还存在一个问题。相对论告诉我们，宇宙飞船的速度越接近光速，对它加速的火箭的功率就必须越来越大。对此我们的实验结果是，我们可以在诸如粒子加速器的装置中将粒子加速到光速的 99.99%，但无法使它们达到或者超过光速。而空间飞船的情形也是如此，无论火箭的功率多大，它都不可能达到光速以上。

虫洞——宇宙中"瞬间转移"的工具

无法打破光速壁垒，是否就表明没办法进行时间旅行了？答案是否定的。

事实上，人们还可以把时空卷曲起来，使事件 A 和 B 之间出现一条近路。在 A 和 B 之间创生一个虫洞，就是一个很好的法子。顾名思义，虫洞就是时空中一条细细的管道，它能把两个几乎平坦的、相隔遥远的区域连接起来。

　　虫洞，又称爱因斯坦—罗森桥，是宇宙中可能存在的连接两个不同时空的狭窄隧道。1916 年，奥地利物理学家路德维希·弗莱姆首次提出了虫洞的概念。1930 年，爱因斯坦和纳珍·罗森在研究引力场方程时有了新发现，他们认为通过虫洞可以做瞬间的空间转移或者时间旅行。不过迄今为止，科学家还没有观察到虫洞存在的证据，人们通常认为这是因为虫洞和黑洞很难区别开。事实上，虫洞也分很多种类，如量子态的量子虫洞和弦论上的虫洞。我们通常所说的"虫洞"应该被称为"时空虫洞"，而量子态的量子虫洞被称为"微型虫洞"，两者并不一样。

　　黑洞其实有一个特性，即会在另一边得到所谓的"镜射宇宙"。但因为我们无法由此通行，所以爱因斯坦并不重视这个解。于是，连接两个宇宙的"爱因斯坦—罗森桥"一开始只被认为是一个数学伎俩。但 1963 年，新西兰数学家罗伊·克尔研究发现，假设任何崩溃的恒星都会旋转，那么形成黑洞时，就会成为动态黑洞。也就是说，史瓦西的静态黑洞并不是最佳的物理解法。然而事实上，恒星会变成扁平的结构，而不会形成奇点。换言之，重力场并非无限大。这样一来，我们就得到了一个惊人的结论：如果我们让物体或太空船沿着旋转黑洞的旋转轴心发射进入，原则上它可能会熬过中心的重力场而进入镜射宇宙。由此，爱因斯坦—罗森桥就好像一个连接时空两个区域的通道，也就是"虫洞"。

虫洞到底是什么呢？假设时空是一个苹果的表面，那么要连接苹果表面上的两个点，一只小虫子必须从一点开始啃咬，直到渐渐咬出一个洞穴。这个洞穴对应的其实就是连接时空中相异两点的捷径。广义相对论指出，只要准备充分适当的物质，就能把时空扭曲成任意形状。因此，这样就会使时空中相异的地方凹陷，并如同管子似的被拉长。将这样的两条管子连接起来，就形成了虫洞。这就仿佛是将这两个黑洞避开内部的奇点而连接形成的。不过，就黑洞的情况来说，由于其表面是时空的地平

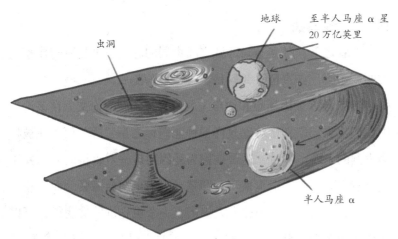

虫洞　　　　　　　地球　　　　至半人马座 α 星
　　　　　　　　　　　　　　　20 万亿英里

半人马座 α

◎对于两个相隔遥远的物体，比如地球和半人马座 α 星，如果让时空卷曲起来，找到一条捷径——一个时空细管，通过它就可能实现时空旅行。

面，因此一旦落入其中就再也出不来了。不过，如果你能以比光速还快的速度运动，你还是可以穿越过去的。当然，比光还快的速度在相对论中是被禁止的。

那么，穿越虫洞到底可能吗？如果在时光机器中使用虫洞，而虫洞却无法穿越，那就太难办了。对此，人们认为使事物的地平面无法在入口处形成，进而缓慢地扭曲时空或许就行了。可这样一来，人们就必须了解某种迄今为止仍属未知的物质。通常来讲，普通的物质都具备正能量，所以重力才成为引力，时空才能够逐渐无边地扭曲。但如果使时空不太扭曲的物质存在，我们就能通过使用该物质制造出能轻易穿越的虫洞。遗憾的是，这样一种物质究竟是什么，人们至今还不清楚。

如何让时空卷曲

乍看之下，时空不同区域之间虫洞的思想似乎是科幻作家的发明。然而，它的起源事实上非常令人尊敬。

1935 年，爱因斯坦和纳珍·罗森合写了一篇论文。在该论文中他们指出，广义相对论允许一种他们称之为"桥"而现在被称为虫洞的东西。不过，这个被称为爱因斯坦—罗森桥的东西并不能维持很久，飞船根本来不及穿越，因为虫洞会缩紧，而飞船会因此撞到奇点上去。因此有人提出，一个更先进的文明或许可以使虫洞维持开放状态。人们还可以把时空以其他任何方式卷曲，以便能允许时间旅行。但可以证明的是，你必须需要一个负曲率的时空区域，就像一个马鞍面。通常，物质都具有正能量密度，赋予时空以正曲率，就像一个球面。

因此，为使时空能卷曲成允许时间旅行到过去的样子，人们需要拥有负能量密度的物质。

这又是什么意思呢？事实上，能量很像金钱，如果你有正能量，你就能以不同的方法分配。但根据经典定律，能量不允许透支。这样一来，经典定律就排除了负能量密度，即逆时间旅行的可能性。然而，以不确定性原理为基础的量子理论已超越了经典定律。比较起来，量子定律更加慷慨，只要你总的余额是正的，你就能从一个或者两个账户里投资。换言之，量子理论允许一些地方的能量密度为负，只要它能由其他地方的正能量密度补偿，使总能量保持为正。

所谓的卡西米尔效应即是量子定律允许负能量密度的一个典型例子。如我们之前所讲的，我们认为是"空"的空间其实也充满了虚粒子和虚反粒子对，它们一起出现并分开，然后再返回一起并相互湮灭。现在，假设我们有两片相距很近的平行金属板，金属板对虚光子起着类似镜子的作用。这样一来，它们事实上就形成了一个空腔。这有点像风琴管，只对指定的音阶共鸣。而这意味着，只有当平板之间的距离是虚光子波长的整数倍时，虚光子才会在平板中的空间出现。且如果空腔的宽度是波长的整数倍再加上部分波长，那么在反射多次后，一个波的波峰就会和另一个波的波谷重合，波动也就因此抵消。

其实，由于平板之间的虚光子只能具有共振的波长，而在平板之外的虚光子可具有任意波长，所以平板间虚光子的数目要比在平板之外的区域略少些。于是，可以预料，这两片平板会遭受到把它们往里挤压的力。而这个力，我们不但已测量到，还发现它和预言值相符。如此一来，我们就得到了虚粒子存在并具有实在效应的实验证据。

当然，在平板之间存在更少虚光子的事实还意味着，它们的能量密度比其他地方更小。不过，在远离平板的"空的"空间的总能量密度必须为零，否则能量密度就会把空间卷曲起来，而无法保持几乎平坦。这样一来，如果平板间的能量密度比远处的能量密度更小，它就必须是负的。

时光机器的制造原理

用狭义相对论中的"双生子吊诡"事件可以说明，使用能被穿越的虫洞，我们是可以轻易地制造出时光机器的。那么，时光机器的制造原理是什么呢？

首先，我们应该尽量将虫洞的两个入口 A 和 B 缩小。这样一来，为起到简单的示范作用，我们先假设虫洞的两个入口是在同一时刻连接的。这会产生跟"双生子吊诡"一样的情形，即入口 B 的时间晚了，就会同时产生两个拥有不同时刻的虫洞入口。

举例来说，如果早上 8 点从入口 B 出发，那么当再次回到入口 B 时，入口 A 的时间正好是晚上 8 点，而此时入口 B 的时间却

◎动画片中能往返于过去未来的机器猫

是早上 10 点。实际上，就算以接近光速的速度行动，也要花费多得多的时间才能做到这样。所以，这么快回来是根本不可能的。

现在，让我们举个更简明扼要的例子来说明问题。一个位于入口 A 附近的人，在晚上 8 点的时候来到了入口 B，并从那里飞了进去。假设他抵达入口 B 所要花费的时间是一个小时，那么当他抵达入口 B 时，时间应该是晚上 9 点。我们知道，入口 B 是以自己的钟表来计量的，假如在早上回到原来的场所后就静止不动，那么此后入口 B 的钟表时刻就应该和入口 A 的钟表时间保持一致。照此推算，之前的那个人在抵达入口 B 时，入口 B 的时间应该是上午 11 点。而又因为入口 B 的 11 点和入口 A 的 11 点是相连的，因此那个人飞进入口 B 后，应该会在上午 11 点再从入口 A 飞出来。可是，他出发的时间明明是在晚上 8 点。这样一来，他不就回到过去了吗？

话说回来，如果你因此就欢呼雀跃时间机器制造成功了，那就有点为时过早了。事实上，要完成制造时光机器的任务，你必须将所有的问题都考虑清楚，并且保证每个问题都有解答。然而，实际情况是所有问题都还是一团糟，完全没有清晰明了的思路。首先，最大的疑问就是，现实中我们究竟是否能制造出可以被穿越的虫洞。另外，就算我们确实能造出这种虫洞，我们又是否有能力将它拓宽为人类可以穿越的大小，以及是否有能力操纵它。当然，其他的问题诸如是否虫洞还有另一方面的入口等，也足够让人们操心费神许久了。

第三章
广义相对论与宇宙的前世今生

奠定宇宙学的发展基础

当关于广义相对论的论文在 1915 年发表后，爱因斯坦开始尝试将广义相对论应用到其他领域。在 1917 年发表的一篇论文中，他把整个宇宙作为一个整体进行研究，并运用广义相对论对其进行建模分析，最终奠定了宇宙学的发展基础。爱因斯坦最初根据广义相对论建立的宇宙模型涉及宇宙论中的许多方面，这些领域直到今天仍是天体物理学和宇宙学的研究热点。

爱因斯坦于 1917 年发表了论文《广义相对论的宇宙学探讨》。在这篇论文中，他把宇宙学中的基本概念与广义相对论相结合，从而形成了现代天文学的研究框架。

20 世纪早期，天文学家已经对宇宙的宏观结构有了一定认识。1917 年，当爱因斯坦发表了那篇有关宇宙学的论文后，天文学家才意识到，夜空中很多模糊的斑块实际上是彼此独立的星系。在此之前，天文学家们一直认为，我们所在的银河系是宇宙中唯一的星系，而夜空中那些模糊的斑块则是银河系中的气体和微尘组成的云，又称为"星云"。

宇宙学原则

宇宙学的研究对象是整个宇宙，其研究内容包括宇宙物理现象、分布在宇宙各处的物体和物质以及它们各自的运动。除此之外，宇宙的进化过程，包括它的起源、存在的时间、变化情况以及终结，这些也都是宇宙学研究的课题。

宇宙在大尺度范围内呈现出均匀和各向同性的特点，这是宇宙学的基本原则，也是把宇宙作为一个整体进行研究的重要前提，揭示了宇宙的最基本特点。

均匀

宇宙学原则有什么含义？为了更好地理解这个原则，我们需要把它分开来讨论。首先，均匀意味着相同的结构或组成。如果把它应用到宇宙中，那就表示，无论你身处宇宙的哪个角落，周围物质的平均密度都是相同的。根据这个原则，宇宙在大尺度范围内应该是平均的，并且所有物质都均匀地分布在空间中。

然而，这个推理并不适用于小尺度范围。在宇宙中，存在一些局部范围，它们的质量密度要超出平均值。我们所在的太阳系就是最好的例子，其所处的空间的质量密度高于宇宙平均质量密度。在小尺度范围内（以整个宇宙的大小为标准），宇宙中的物质分布并不平均，而是表现出局部特性。

各向同性

除了均匀，宇宙学原则还包括各向同性的特点。各向同性意味着，不论从哪个角度观察宇宙，所得结果完全相同。举个简单

图说相对论

的例子，根据各向同性的原则，宇宙中不存在特殊的方向，观测者可以通过它观测到宇宙的中心。换言之，这个原则断言，无论观测者身处宇宙何处，观测结果始终相同。

对整个宇宙的模型建构

1917 年发表的那篇论文是由爱因斯坦和天文学家威廉·德西特合作完成的。他们将刚发表不久的广义相对论与宇宙学原则进行了结合，完成了运用广义相对论对整个宇宙的模型构建工作。与他以往的研究相同，这个研究结果也令所有科学家感到震惊。

非静止的宇宙

当将宇宙学原则与广义相对概念结合的时候，爱因斯坦和其他科学家得到了一个奇怪的结论：宇宙是非静止的。具体而言，这个结论意味着，宇宙必然处于膨胀状态或收缩状态中的一种！但是，当时所有的天文观测结果都表明宇宙是静止不变的。上述结论违背了实际情况。

宇宙常数

由于当时的天文学家还没有观测到天空中星体的任何大范围运动，他们推论，宇宙不可能处于膨胀或者收缩状态。为了使自己的理论与实际情况符合，爱因斯坦又引入了一个他称为宇宙常数的物理量。通过这个物理量的作用，理论方程中的宇宙会处于静止状态，而不再是膨胀的或者收缩的。

宇宙常数是一个用来平衡引力吸引作用的常量。在爱因斯坦的公式中，它是一个常数积分，以引力的排斥形式出现。广义相对的表达形式是从当时的引力模型推导出来的，但这个新引入的宇宙常数并没有获得任何来自引力模型的支持，纯粹是为了得到预期的结论而假设的。在引入了这个常量以后，爱因斯坦的方程就描述了一个静态的宇宙模型，这与当时的观测结果相一致。

在当时，并不是所有人都认为必须添加这个常数。德西特就相信爱因斯坦的最初结论：宇宙正处于膨胀过程中。对于爱因斯坦这样的做法，德西特认为完全没有必要。即使不添加任何常量，爱因斯坦的原始方程已经能够解释很多现象，添加常量的做法反而破坏了原始公式的完美形式。

膨胀的宇宙

在基于广义相对论的宇宙静态模型发表 15 年之后，爱因斯坦被证明是错误的（德西特则被证明是正确的）。宇宙的真实本质最初是由埃德温·哈勃等天文学家的研究所揭示的。20 世纪 20 年代早期，哈勃与其他天文学家就已经开始研究被称为"星云"的模糊斑块。

望向太空深处

哈勃发明了一套测量太空深处物体距离地球远近的技术。他用这套方法测量出仙女座星云与地球之间的距离是地球与最邻近星体距离的十几万倍！事实上，仙女座是宇宙中一个独立的星系，其大小与地球所在的银河系相当，但两者相距非常遥远。正是因为相隔了这么远的距离，夜空中的仙女座才看上去只是一片很小的模糊光斑。

哈勃测量了很多星系距离地球的远近。这些结果表明，所谓的"星云"实际上都是独立的星系，银河系只是分布在宇宙各处众多的星系中的一个，而并非早期科学家所预料的那样是宇宙中所有恒星和行星聚集的地方。在得出这个结论之后，哈勃又做了进一步的研究。

远距离运动

当测量宇宙中星系之间的遥远距离的时候，哈勃同时注意到还可以计算星系的红移。在前面的章节中，我们讨论过红移和蓝移的情况。当光源远离我们运动时，观测到的光会向光谱中红光所在位置发生偏移，这被称为红移；而当光源靠近我们运动时，观测到的光则会向光谱中蓝光所在的位置发生偏移，这被称为蓝移。

哈勃计算了不同星系发出的光的偏移程度。他发现，大部分星系的光都在发生红移现象，而且红移的程度与它们距离地球的远近相关。距离地球越远的星系所发出光的红移程度也越大，这也意味着它们远离地球的速度越快。

这种红移现象的普遍性让人非常吃惊，这意味着所有的星系都在远离地球而去。对这个现象的解释只有一种：整个宇宙正处在膨胀过程中。只有当宇宙空间本身处于膨胀过程中时，才可能导致所有物体都相互远离。

爱因斯坦最大的失误

当了解到哈勃的研究成果后，爱因斯坦立即意识到，当初在方程中添加宇宙常数的做法是错误的。事实上，他最初建立的方程是正确的。后来，爱因斯坦把这个失误称为其研究生涯中的最大败笔。毕竟，天才也有犯错的时候。

新的宇宙模型

1929 年，当哈勃的研究结果发表之后，爱因斯坦和德西特开始尝试建立一个新的广义相对模型，用以解释宇宙的膨胀现象。事实上，当宇宙处于膨胀状态时，引力场方程存在一种非常简单的形式，这种形式就是后来著名的爱因斯坦—德西特宇宙模型。

在 1932 年发表的一篇论文中，爱因斯坦和德西特公布了他们的研究结果。在这篇文章中，他们提出在宇宙中存在着一种大量存在的、迄今为止从未被观测到的物质。研究结果显示，这种物质在多种环境中都可能存在，而且不发出任何光线，科学家们称之为"暗物质"。暗物质虽然不能被直接观测到，但科学家们可以通过其对周围其他物体的引力作用，间接探测到它们的存在。暗物质是否存在？其数量又有多少？这些都是当今天体物理学家们研究的热点问题。

宇宙的起源和命运

一旦揭开了宇宙处于膨胀状态的本质，科学家们研究的下一个问题就是宇宙的起源。既然宇宙处于膨胀状态，那么，过去宇宙中的物质密度应该高于当前。按照上述逻辑外推足够长的时间，在某个有限的过去时刻，宇宙中所有的物质都位于一个点上，这个点也就是宇宙的起源。从那以后，宇宙就一直处于膨胀过程中，直至现在的状态。

这个理论被称为大爆炸理论。该理论认为，整个宇宙是在距

◎由于宇宙大爆炸，星系逐渐向外膨胀。创世大爆炸学说揭示了宇宙的起源，指出整个宇宙最初聚集在一个无限小的聚点中，在100亿～200亿年以前，该小点发生了大爆炸，碎片向四面八方散开，逐渐演变成现在的宇宙。

今大约 150 亿年前的一次大爆炸中产生的。在宇宙诞生的最初几秒钟，亚原子微粒结合在一起，形成了如氢和氦那样简单的气体元素，它们是后来构成宇宙中所有物质的基础。这些气体互相混合，最终在高温高压的环境中发生崩塌，从而形成了宇宙中最初的那些恒星。在其演化过程中以及最后的阶段，这些恒星创造了宇宙中所有的重元素。事实上，恒星的终结有很多形式。其中有一种被称为超新星爆发的爆发形式，是近年来天文学家们关注的热点。

自那次创始大爆炸后，整个宇宙一直处于膨胀状态。星系之间不断地互相远离，物质也逐渐散布到宇宙的各个角落。但这种情况将一直持续下去吗？在膨胀宇宙模型获得科学界的一致认可之后，科学家们根据爱因斯坦的广义相对方程得到了宇宙可能的三种结局，其具体情形要取决于宇宙中包含物质的数量。

如果宇宙的物质密度超出了某个临界值，那么整个宇宙最终将崩塌成大爆炸之前的那个点，科学家称之为闭合宇宙；如果宇宙的物质密度低于某个临界值，那么整个宇宙将作为一个开放宇宙永远处于膨胀过程中。只有当宇宙的物质密度等于某个临界值的时候，宇宙才能达到一种平衡稳定的状态。这也是爱因斯坦所认为的宇宙的最终状态，所以他才会在原始方程中引入宇宙常数，使得整个方程得到一个平衡解，而不是让宇宙始终处于膨胀的过程中。

宇宙稳定论的破灭

大爆炸理论是现在的主流学说，但在当时，并不是所有人都认可这个理论。20 世纪 40 年代至 50 年代，大爆炸理论的主要竞争对象是弗瑞德·霍伊尔提出的稳态宇宙模型。霍伊尔不同意宇宙起源于 150 亿年前的一次大爆炸的说法，他认为宇宙自古以来就处于稳定状态，而且这种状态还将永远保持下去。由于霍伊尔根本不承认宇宙源于大爆炸，所以他的观点与宇宙的临界密度条件没有任何联系。

霍伊尔承认宇宙处于膨胀状态。但他认为，宇宙中的星系并没有进行互相远离的运动。为了解释天文学家观测到的红移现象，他提出，由于星系之间正不断产生新的空间，这才导致了观测结果中星系做互相远离运动的假象。霍伊尔还认为，在新产生的空间中，新的物质也不断产生，从而保持了宇宙的平均密度不变。根据这个理论，新的星系应该都会在原有星系之间产生。

元素丰度

在其后的几年中，科学家们发现了两个支持宇宙膨胀的学说，同时又否定稳恒态宇宙学说的证据。首先，天文学家们测算了太阳、行星以及其他恒星上的元素的分布情况，并建立了元素分布百分比的数据库。结果显示，这些数据与大爆炸理论所预测的非常接近。而稳恒态宇宙理论则无法解释上述数据产生的原因。

宇宙微波背景辐射

支持大爆炸理论的最强有力的证据是 1965 年发现的宇宙微

波背景辐射。这种辐射是早期宇宙形成过程中的遗留物。当宇宙在一个原始的火球中诞生的时候，它同时发出辐射。然而，随着宇宙的不断膨胀，这种辐射的波长会延伸到越来越长的波段上。

根据大爆炸理论，科学家们预言，如果宇宙诞生时发出的辐射还能够被观测到，那么这种辐射的波长大约是 7 厘米。1965 年，天文学家们观测到了一种各向同性的辐射，而且其波长也与预期的完全符合。根据 1989 年发射的"宇宙背景探险号"人造卫星（COBE）所提供的数据，这种辐射来自宇宙的各个方向，而且存在细微的变化。在早期宇宙的形成过程中，物质会慢慢积聚，最终形成恒星和星系。与此同时，其密度会发生变化，这就是辐射变化的原因。

预言黑洞

爱因斯坦在广义相对方面的研究对科学发展具有重大的影响。它为大爆炸理论奠定了坚实的基础，描述了宇宙的起源和最终结局，还预言了包括光的弯曲在内的一系列奇怪的天文学现象。有关光弯曲（引力透镜）的内容已经在前文中进行了详细的论述。广义相对论还认为，在宇宙的各个角落，充斥着一种无法探测的暗物质。

除了上述结果，广义相对论还预言了一种更奇异的天文物体：黑洞。通过前面的论述，我们知道，广义相对论把引力定义为在物质周围发生的时空弯曲。物质的质量越大或者质量密度越大，它产生的引力场就越强。黑洞就是宇宙中密度最大的物体，甚至连光都无法从它们产生的引力场中逃逸。由于没有任何物质可以逃脱，黑洞甚至不会发出任何辐射。对黑洞的探测只能通过观测其周围物体受到的影响来间接完成。

施瓦兹希尔黑洞

1916 年，卡尔·施瓦兹希尔首先开始对黑洞进行研究。通过求解爱因斯坦的广义相对方程中一种非旋转球形物体的情况，施瓦兹希尔认为，只要一个物体的质量足够巨大，它就能够产生一个无限弯曲的时空。在这种弯曲时空中，光不但会发生弯曲现象，甚至不能从中逃逸。

在一次会议上，爱因斯坦报告了施瓦兹希尔的研究成果。但他从不相信宇宙中存在如此奇特的物体，而仅仅把它认为是数学上的一种奇异结构而已。"黑洞"的称呼是在爱因斯坦去世后出现的。自 20 世纪 60 年代以来，科学家们发现了越来越多的证据表明宇宙确实存在黑洞。

一颗质量巨大的恒星的死亡可能会导致黑洞的产生。当恒星的所有物质消耗殆尽时，它可能会在引力的作用下崩塌。如果这颗恒星有足够大的质量，那么它就可能达到形成黑洞的临界密度。但是如何探测这种物体呢？

引力波

广义相对论不但预言了黑洞的存在，甚至还提供了探测它们的方法。根据爱因斯坦提出的理论，当时空发生扰动的时候，时空结构本身也会发生振动从而产生引力波。引力波是一个颇具争议的话题，最初出现这个概念的时候，很多科学家对此表示怀疑。

然而，科学家们近年来已经找到了很多能够证明引力波存在的证据。首先，天文学家们观察到双子脉冲星构成系统的运动周期会逐渐减慢。根据爱因斯坦的理论，产生引力波的过程会使系统损失一部分能量，从而使运动周期减慢。观测结果与理论预测值非常符合。在不远的未来，科学家们还可以通过多项实验来寻找引力波存在的证据，其中包括激光干涉仪引力波观测站（LIGO）。

黑洞——捕获光线的终极恒星

1969年，美国科学家约翰·惠勒于一项学术会议中率先提出了"黑洞"一词，以取代从前的"引力完全坍缩的星球"这一说法。而之所以叫"黑洞"，原因就是连光都会被这样的恒星所捕获。事实上，这个名字本身也使黑洞进入了科学幻想的神秘王国。另外，为原先没有满意名字的某种东西提供确切的名字也激发了科学家们进行科学研究的热情，使人们开始热衷于黑洞研究。由此可见，一个好名字在科学研究中也起着重要作用。

早在1783年时，剑桥的学监约翰·米歇尔就在一家颇有影响力的学术周刊上发表了一篇文章。他指出，一个质量足够大且密度也足够大的恒星会有非常强大的引力场，以至连光线都无法逃逸！任何从该恒星表面发出的光，在还没有达到远处时便会被

图说相对论

◎上图是一个正在释放能量的黑洞。天文学家测定了该黑洞周围的能量，并证实它比预想的要大得多。额外的能量被认为是一种旋转能，由于黑洞边缘（事件穹界）电磁场的扭转，造成黑洞旋转速度的减慢，从而产生旋转能。

恒星的引力吸引回来。米歇尔还认为，虽然我们无法用肉眼看到这些恒星上的光，但我们依旧可以感受到它们的存在。

　　假设你在地球表面向着天空发射一枚导弹，由于引力的原因，这枚导弹无论能飞翔多久，都终将落向地面。而由于光的波粒二象性，光既可以被认为是波，也可以被认为是粒子。在光的波动说中，人们并不清楚光对引力如何响应，但如果光是由粒子组成的，人们则可以预料，光也会和导弹一样受到引力的作用。人们起先以为，光粒子是无限快地运动的，所以引力不可能使之缓慢下来，但是后来科学家研究发现，引力对光也有影响。

不过事实上，将光线比作炮弹似乎有一些不合适：从地面发射上天的炮弹将被减速，除非它的速度能达到逃逸速度，否则便会减速直到为零并停止上升，然后折回地面。但我们都知道的是，一个光粒子必须以不变的光速继续向上，这个矛盾如何解释呢？

直到 1915 年爱因斯坦提出了广义相对论，我们才有了引力影响光的协调理论，而到 1939 年，年轻的美国人罗伯特·奥本海默的研究结果圆满地解决了这个矛盾。

根据广义相对论，空间和时间一起被认为形成了称作时空的四维空间。这个空间不是平坦的，它被在它当中的物质和能量所畸变或者弯曲。

由于恒星的引力场改变了光线通过时空的路径，使之和原先没有恒星情况下的路径不一样，因此在恒星表面附近，光线在空间和时间中的轨道稍微向内弯曲。随着恒星收缩，它变得更加密集，这样在它的表面上引力场会变得更加强大。我们可以认为引力场是从恒星的中心点发出来的，随着恒星收缩，它表面上的点就会越来越靠近中心，这样使它们感受到更强大的场。越强大的场使在表面附近的光线路径向内弯曲得越明显，最终，当恒星收缩到某一个临界半径的时候，表面上的引力场会变得非常强大，甚至将光线路径向内弯曲得非常厉害，以至于光不能再逃逸。

图说相对论

根据相对性理论，没有东西的运动速度能超过光。因此，如果光都逃逸不出去，那么就没有任何东西可以逃逸，所以所有物质都会被引力场给拉回去。这样一来，坍塌的恒星便会形成一个围绕它的时空区域，任何东西都不可能逃逸而使远处的观察者能观测到。这个区域就形成了黑洞。

今天，多谢哈勃空间望远镜和其他专注于 X 射线和 γ 射线而非可见光的其他望远镜，让我们知道黑洞乃是普通现象——比人们原先以为的要普通得多。一颗卫星只在一个小天区里就发现了多达 1500 个黑洞。我们还在我们所处星系的中心发现了一个黑洞，其质量比 100 万个太阳的质量还要大。

黑洞的内外时空

我们知道，星球或银河等天体旋转的情形是很普遍的。那么，假设黑洞也在旋转，它内外两侧的时空会变成什么样子呢？

如前文所述，黑洞正是旋转中天体的重力被崩坏而形成的。因此，把黑洞想象成也在旋转就不会不自然了。另外，如果黑洞确实在旋转，那么它内外两侧的时空就会变得非常有趣，并拥有不可思议的力量。对此我们可以假设，在正在旋转的黑洞附近，光朝着四面八方射出来。这样一来，随着光因重力而被拉向黑洞内部，黑洞的旋转方向也会因其拉扯周围的时空而旋转，这时候，就算光本来是朝着黑洞的中心笔直地飞进去的，仍会在不知不觉间远离中心。

简单来讲，旋转黑洞也叫克尔黑洞，具有两个不重合的视界和两个无限红移面。视界是黑洞的边界，而无限红移指的是光在这个面上发生了无限红移，即光从一个边界射出后发生了引力红移。对此，如果红移之后的频率是零，那么这个边界就是无限红移面。

　　根据彭罗斯的推理，能量较低的粒子穿入能层后，会从能层中获得能量，并以很高的能量穿出能层。这些能量是黑洞转动的动能。这样一来，如果粒子获得能量的过程不断反复，粒子就会提取到黑洞的能量，从而使能层变得很薄。慢慢地，黑洞转动的动能就减少了。到最后能层消失时，克尔黑洞会退化成不旋转的施瓦西黑洞。此时，粒子就不能再继续提取黑洞的能量了。

　　需要说明的是，在克尔黑洞中心区的是一个奇环，而非一个奇点。这个奇环是由奇点围成的一条圆圈线。随着旋转黑洞越

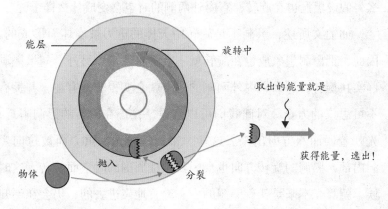

◎从能层获取能量的过程

图说相对论

转越快，黑洞的内外视界可能会合二为一，此时的黑洞被称为极端克尔黑洞。当旋转速度再加快一点，视界就会消失，奇环会裸露在外面。不过，这个说法跟彭罗斯的宇宙监督假设相矛盾。因此，在此前提下，黑洞的转速是受限的。此时，若飞船从外部飞入黑洞，就一定会穿过内外视界的区域，并在进入内视界内部后在其中运动而非停在奇环上。与此同时，飞船还可以从这里进入其他的宇宙中，并从其他宇宙的白洞中出来。

宇宙监督定律，是英国科学家彭罗斯提出的一个设想，即每一个奇点外都有一个视界范围，以防奇点被抛到整个宇宙中。而除了上述情况，在另一种情况下，宇宙监督定律可能会这样认为：由于内视界内部的区域不稳定，因此飞船或许会在到达该区域之前就撞向奇环。所以说，宇宙监督不仅不允许我们所处的宇宙受到奇点的干扰，甚至也封住了一切可能穿越虫洞的入口，完全不允许我们去发现其他的宇宙。

我们已经知道，黑洞的表面叫作事象的地平面。如果黑洞没有旋转，那么在地平面的外侧，如与重力取得平衡的架好的火箭，对黑洞而言就可能处于静止中。然而，一旦黑洞旋转，周围的时空本身就会被黑洞拉出。这时，即便在地平面的外侧，在逐渐接近某个距离的过程中，不管再怎么努力，都无法使它静止下来。看起来，这就像被黑洞的旋转拉着一样不停地运动起来。

不过，黑洞内部发生的情形更为有趣。在旋转的影响下，黑洞内部又出现了一个事象的地平面。那些朝外面射出的光，明明停留在它的位置上，却又同时出现在外侧的事象地平面。如果黑洞没有旋转，事象的地平面就只有一个，一旦落入其中，就连朝着外部射出的光线也只能朝着内部行进。然而，一旦黑洞处于旋转状态，其因旋转而产生的离心力就会发挥作用，看起来仿佛要抵消重力。此时，朝外射出的光虽变成了朝内行进，但随着它越来越接近中心，它的速度也会越来越慢，直到某个地方速度减小为零。这里的"某个地方"就被称为内部的事象地平面。在内部的地平面中，只有当离心力超过了重力，朝外射出的光线才能朝外行进。但是，一旦落入了内部的地平面，光线就再也没有机会逃到外面来了。

时光的隧道

如上一节所说，旋转中的黑洞会出现两个地平面，且一旦光线飞入外侧的地平面，也必然会落入内部的地平面中。

不过，由于黑洞内部离心力的作用，黑洞内部地平面的奇点不是点状的而是轮状的。那么，由于在内部地平面中重力和离心力取得了平衡且影响不大，因此可能会产生和奇点发生碰撞的情况，并能因此做运动。但无论怎样，光线仍然无法逃到内部地平面的外面。这样一来，刚才我们说的做运动，又是往哪里做呢？

事实上，这种情况下会发生一些不可思议的现象，也就是地平面的性质会突然发生改变。换言之，在此之前原本被吸入的一方，现在忽然变成了吐出的一方。其实这正是朝内射出的光线看起来仿佛停在这个场所内的原因——即便以光速朝内行进，也只能停留在那儿，因为已经耗尽最大的力而枯竭了。

这样一来，情况就变了，即原本是在内部地平面中的人，突然被抛到内部地平面之外，然后又到了外部地平面之外。然而，他们到达的已不再是原来的宇宙，而是其他的宇宙。这样看来，旋转中的黑洞恰恰就是通往其他宇宙的捷径，可以作为时光隧道来使用。

在理论上，存在着与黑洞相反的物质——白洞。从定义上来说，白洞和黑洞都是物理学家根据广义相对论所提出的"假想"物体，或一种数学模型。在物理学上，白洞被定义为一种超高度致密的物体，其性质与黑洞完全相反。具体来说，白洞并不吸收

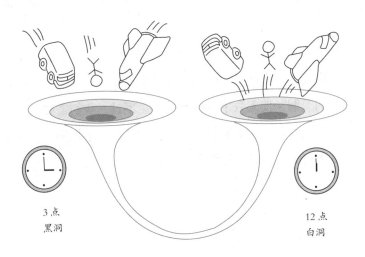

3点
黑洞

12点
白洞

◎黑洞与白洞及时空隧道

外部物质，而是作为宇宙中的一种喷射源不断向外围喷射各种星际物质和宇宙能量。简单来讲，白洞可说是时间呈现反转的黑洞，即进入黑洞的物质，最终应该从白洞出来并出现在另外一个宇宙。当然，之所以叫"白"洞，一方面是因为它有着和"黑"洞完全相反的性质，另一方面是因为黑洞的引力使光无法逃脱，而白洞却和黑洞完全相反（连光也会被排斥掉）。此外，白洞有一个封闭的边界，聚集在白洞内部的物质，只能向外运动而无法向内运动。因此，白洞可以向外部区域提供物质和能量，但无法吸收外部区域的任何物质和能量。从引力方面来说，白洞是一个强引力源，它外部的引力性质和黑洞相同。因此，白洞可以把它周围的物质吸到边界上而形成物质层。目前，天文学家还没有找到白洞，它只作为一个理论上的名词而存在，用来解释一些高能天体现象。

据推测，其他宇宙中也存在着旋转黑洞，一旦有东西飞入那里，就会穿越时光隧道，跑到下面的宇宙中去。事实上正是这种旋转着的黑洞，使无数宇宙彼此相连。不过，我们需要知道的是，上述理论都是基于对旋转黑洞的性质所做的数据调查，现实中究竟是否有旋转黑洞，我们还不清楚。

第三篇

后相对论时代

第一章
相对论与量子力学的"恩怨"

发现量子

科学家们发现，在亚原子尺度下，能量的转换似乎是离散的而不是连续的，这就是量子力学的起源。受热物体对外辐射的能量大小是当时困扰整个物理学界的难题。

1900 年，在研究黑体辐射现象的过程中，马克斯·普朗克取得了突破性成果，这是量子力学发展史上的第一次重大进步。普朗克提出，辐射能量以离散的量子形式存在的假设很好地解决了上述物理学界的难题。除此以外，他还提出，每一份辐射能量的大小与电磁波的频率相关。

1905 年，爱因斯坦发表了一篇解释光电效应的著名论文，这标志着量子力学取得了第二次重大进展。在文中，爱因斯坦讨论了光照引起的金属表面对外辐射电子的数量与能量的问题：假设金属表面所吸收的辐射能量是离散而并非连续的，光电效应实验中的奇怪现象就能够得到合理的解释。

当时，麦克斯韦的电磁场理论已经用简洁的数学方程揭示了电场和磁场之间的联系，而爱因斯坦和普朗克的研究结论与其存有矛盾。根据他们的观点，能量只能是满足特定大小的离散量，这虽然与传统观念不完全一致，但也能让人接受。毕竟，如果要包含能量交换的离散本质，只需对经典力学的概念稍加改动即可。

原子的结构

随着对量子理论研究的深入，科学家们对原子结构的了解也获得了重大进展。这要归功于厄尼斯特·卢瑟福在1911年研究原子核结构时的重要发现。当时，大多数科学家都认为，原子是一个混合物，其密度处处相同；电子（事实上，在1897年，汤姆森发现了电子）均匀分散在原子的各个角落，就像果仁巧克力中的果仁。

卢瑟福的实验

在实验中，卢瑟福利用镭元素在放射过程中产生的 α 粒子去轰击一片非常薄的金箔。在当时，由 α 粒子组成的射线被称为 α 射线（这是为了把它与能量更高的 X 射线以及 γ 射线等加以区别）。α 粒子是由2个质子和2个中子组成的微粒，与氦原子核的结构相同。但在卢瑟福进行实验的年代，科学家们还不清楚它们的具体结构，只知道 α 射线是另一种神秘的放射性射线。

在实验中，卢瑟福记录下了 α 粒子穿越金箔时的运动轨迹。正如他所预期的那样，大部分的 α 粒子都能够直接穿越金箔。然而，有一个 α 粒子在金箔上发生了反弹，那种情形就好像击中了非常坚硬的物质。卢瑟福对这个结果非常感兴趣，并对之进行了细致的研究。在对那些被金箔反弹回来的 α 粒子的运动轨

◎卢瑟福

迹进行了详细分析之后，卢瑟福推论：每个金箔原子的质量都集中在其中心位置。

原子核

根据上述实验结果，卢瑟福最终确定原子质量的绝大部分都集中在原子的中心部分，而不是如之前推测的那样平均分布在原子各处。此外，他还提出，不但是原子的质量，而且原子所包含的所有正电荷也都集中在原子的中心位置。原子中这个包含了几乎所有质量和所有正电荷的部分被称为原子核。

原子核本身非常微小，事实上，原子的体积是原子核体积的10000倍！考虑到原子本身就已经非常微小，而原子核的体积就是难以想象地小。综合实验情况，又由于原子的正电荷都集中在原子核内，卢瑟福推测，带负电荷的电子按照轨道围绕原子核运动，其情形类似太阳系中的行星围绕质量巨大的太阳所做的运动。

量子理论的提出

量子理论有时也被称为量子力学，它是一种描述微观物质结构形态的理论，主要研究物质在微观尺度下的相互作用。具体而言，量子理论的研究对象是分子、原子与构成原子的基本粒子。研究量子理论的科学家们最感兴趣的是这些微观物质对能量的吸收和辐射。在某种意义上，量子理论和相对论非常类似，两者的研究对象都不是日常的物理现象，而是极端尺度下的宇宙运行规律。对相对论而言，当物体运动的速度接近光速或者物体的质量非常巨大的时候，经典物理学中的牛顿运动定律就失效了；对量子理论而言，当以分子、原子所存在的微观世界为研究对象时，经典物理学同样也就失效了。

对微观的研究

根据牛顿和其他20世纪之前的物理学家的研究成果，能量的转换是一种连续过程，而物质是由一些离散的、有特定大小

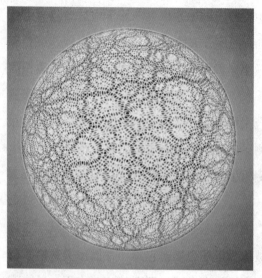

◎该图模拟的是许多波在球体表面运动路径的叠加情况。由此产生的随机波是量子无序性表现方式的一种。经典的无序性是指各种波的运动方向任意的情况，量子无序性指的是量子波动随机组合的情况。该随机模型由埃里克·海勒建立。

的、处于某些位置并不断运动的微粒构成的。但在量子力学中，这种确定、有序的结构不复存在，取而代之的是一种令人费解的统计学描述。根据经典物理学中连续统一体理论的描述，能量的存在是连续的，而且可以以任意大小发生交换。然而，根据量子力学的基本观点，能量只能以一份份的离散形式存在，而且每一份所包含的能量都非常微小。在一般情况下，这一份份的量子具有单个粒子的特性，但有时它们也会呈现出波的性质，其具体的表现形式取决于测量时的状态。

基于一些简单的初始假设，然后进行逻辑推理，最终却得出了一些违反常规的古怪结论，这也是量子理论和相对论的另一个相似之处。根据相对论，科学家得出了长度收缩与空间弯曲等怪异的结论；根据量子理论，他们则得出了测不准原理等奇怪的结果。还有一个非常有意思的现象，许多同时代的其他科学家怀疑甚至反对爱因斯坦提出的相对论，而爱因斯坦则对量子理论隐含的统计学本质深感担忧。

经典物理学遇到的问题

在当时，科学领域出现了很多经典物理学无法解释的现象，提出量子理论的最初目的就是解决这些问题。举一个简单的例子，经典物理学认为，原子中的电子应该沿着特定的轨道围绕原子核旋转。然而，如果这种旋转运动与行星围绕太阳的运动相同，那么，由经典物理学得出的计算结果显示，由电子和原子核组成的系统是极其不稳定的，并且只要大约不足 1 秒的时间，电子就会以螺旋形运动与原子核发生碰撞。

根据经典物理学的预测结果，物质都将处于不稳定状态，但现实情况显然并非如此。然而，经典物理学又无法提出其他的理论解释电子围绕原子核运动的规律。

微小粒子间的四种"强大"力

很弱但无处不在的引力

携带力的四种粒子中的第一种力是引力，这种力是万有的，具体来说就是，每一个粒子都因它的质量或能量而感受到引力。不过，引力比其他三种力都弱得多。它是如此之弱，以至于若不是它具有两个特别的性质，我们根本就不可能注意到它。

引力与物体的质量有关，物体如果距离过近会产生一定的斥力。牛顿发现了引力问题，在他思考问题时被苹果砸在头上，因此想到了引力的问题。但由于时代的限制，牛顿对为什么会产生引力没有解释。在爱因斯坦的理论中引力已经不是一种基本力了，而仅仅是时空结构发生弯曲后的表现而已，而导致时空结构发生弯曲的原因就是巨大的质量。站在前人的肩膀上，我们以现代量子力学的方法来研究引力场，把两个物质粒子之间的引力描述成由两个自旋为2的粒子交换引力子。

事实证明，引力的产生与质量的产生是联系在一起的，质量是由空间的变化产生的一种效应，引力附属质量的产生而出现。具体到引力定律上来说，就是两物体间的引力与它们的质量成正比，与距离的平方成反比。

两个可看作质点的物体之间的万有引力，可以用以下公式计算：万有引力等于引力常量乘以两物体质量的乘积再除以它们距离的平方。两个通常物体之间的万有引力极其微小，我们察觉不到它，可以不予考虑。比如，两个质量都是60千克的人，相距0.5米，他们之间的万有引力还不足百万分之一牛顿，而一只蚂蚁拖动细草梗的力竟是这个引力的1000倍！但是，引力虽然很弱，却具有一个独特的特性——它会作用到非常大的距离，并且总是吸引的。天体系统中，由于天体的质量很大，万有引力就起着决定性的作用。在天体中质量还算很小的地球，对其他的物体的万有引力已经具有巨大的影响，它把人类、大气和所有地面物

图说相对论

体束缚在地球表面，而在像地球和太阳这样两个巨大的物体中，所有的粒子之间有非常弱的引力，它们叠加起来却能产生相当大的力量。另外三种力或者由于是短程的，或者时而吸引时而排斥，所以它们倾向于互相抵消，因此，不像引力这样能产生巨大的"力量"。

由于自旋为 2 的粒子自身没有质量，所以它所携带的力是长存的。太阳和地球之间的引力可以归结为构成这两个物体的粒子之间的引力子的交换。虽然所交换的粒子是虚的，但它们确实产生了可测量的效应——它们使地球绕着太阳公转！实引力构成了经典物理学家称之为引力波的东西，但它是如此之弱，要探测到它是如此困难，以至于还从未被观测到。

比引力强得多的电磁力

在一般意义上，电磁力是指电荷、电流在电磁场中所受力的总称。也有一种定义称载流导体在磁场中受的力为电磁力，而静止电荷在静电场中受的力为静电力。

电磁力，它作用于带电荷的粒子（如电子和夸克）之间，但不和不带电荷的粒子（如引力子）相互作用。电磁力比引力强得多：两个电子之间的电磁力比引力大约大 100 亿亿亿亿亿亿（在 1 后面有 42 个 0）倍。在宇宙的四个基本的作用力（万有引力、电磁力、强核作用力、弱核作用力）中，它的强度仅次于强核作用力。在我们构建的物理模型中，共有两种电荷——正电荷和负电荷，同种电荷之间的力是互相排斥的，而异种电荷则互相吸引。

一个大的物体，譬如地球或太阳，包含了几乎等量的正电荷和负电荷。由于单独粒子之间的吸引力和排斥力几乎全抵消了，因此两个物体之间纯粹的电磁力非常小。

但在微观世界里，电磁力在原子和分子的小尺度下起到了主要作用。带负电的电子和带正电的原子核中的质子之间的电磁力使电子绕着原子核公转，正如引力使得地球绕着太阳旋转一样。在量子物理学中，科学家将电磁吸引力描绘成由大量被称为光子的虚粒子的交换而引起的。读者应注意的是，这儿所交换的光子是虚粒子。但是，当电子从一个允许轨道改变到另一个离核更近的允许轨道时，会以发射出实光子的形式释放能量——如果其波长刚好，则为肉眼可以观察到的可见光，我们可以用诸如照相底版的光子探测器来观察。同样，如果一个光子和原子相碰撞，可将电子从离核较近的允许轨道移动到较远的轨道。这样光子的能量被消耗殆尽，也就是被吸收了。

电磁力靠电磁场，在两个具有电（或磁）荷物体间发生作用，磁场的基本量子是光子，或叫光量子。带电粒子间传递电磁作用的过程，是交换光子的过程。光子是电磁场的基本作用量子，频率为 v 的光子，携带能量 $E=hv$（h 是普朗克常数，其值为 6.6×10^{27} 尔格·秒），所以，交换光子的过程，也是交换能量的过程。由爱因斯坦质能关系式 $E=mc^2$ 知道，交换能量的过程，也是交换质量的过程。这样看来，场传递相互作用的过程，是实实在在的，也是容易理解的。

◎电磁力虽然比引力强得多，但对于地球或太阳来说，因为都包含了几乎等量的正电荷和负电荷，单独粒子间的吸引力和排斥力几乎全被抵消了，因此地球和太阳间的电磁力非常小。

电磁力

地球

虚光子
（自旋为 1 的粒子）

太阳

而且近年来研究发现，在某些状况下，电磁力和弱核作用力会统一，这个发现使得人类距离大统一理论更进一步。

不容易被发现的弱核力

第三种力称为弱核力，在日常生活中，我们并不能直接接触到这种力，但是它能导致放射性——原子核衰变。

弱核力只作用于自旋为 1/2 的物质粒子，而对诸如光子、引力子等自旋为 0、1 或 2 的粒子不起作用，因此关于弱核力的研究一直陷入停滞，直到 1967 年伦敦帝国学院的阿伯达斯·萨拉姆和哈佛的史蒂芬·温伯格提出了弱作用和电磁作用的统一理论后，弱作用才被很好地理解。此举在物理学界所引起的震动和影响，可与 100 年前麦克斯韦统一了电学和磁学并驾齐驱。

温伯格—萨拉姆理论认为，除了光子，还存在其他 3 个自旋为 1 的被统称作重矢量玻色子的粒子，它们携带弱力。它们叫W+、W－ 和 Z0，每一个具有大约 100 吉电子伏的质量（1 吉电子伏为 10 亿电子伏）。上述理论展现了称作自发对称破缺的性质，它表明在低能量下一些看起来完全不同的粒子，事实上只是同一类型粒子的不同状态。在高能量下所有这些粒子都有相似的行为，这个效应和轮赌盘上的轮赌球的行为类似。在高能量下（表现为这轮子转得很快时），这球的行为基本上只有一个方式，即不断地滚动着，但是当轮子慢下来时，球的能量就减少了，最终球就陷到轮子上的 37 个槽中的一个里面去。换言之，在低能下球可以存在于 37 个不同的状态。如果由于某种原因，我们只能在低能下观察球，我们就会认为存在 37 种不同类型的球！

在温伯格—萨拉姆理论中，当能量远超 100 吉电子伏时，这三种新粒子和光子都以相似的方式行为。但是，多数正常的情况下粒子能量要比这低，粒子间的对称被破坏了。W+、W－ 和 Z0得到了大的质量，使之携带的力变得非常短程。萨拉姆和温伯格提出此理论时，很少人相信他们，因为按照当时的技术水准还无法将粒子加速到足以达到产生实的 W+、W－ 和 Z0 粒子所需的 100 吉电子伏的能量。但在此后的十几年里，在低能量下这个理论的其他预言和实验符合得可谓完美无缺。因为这个成就，他们和在哈佛的谢尔登·格拉肖一起被授予 1979 年的诺贝尔物理学奖（格拉肖教授提出过一个类似的统一电磁和弱作用的

图说相对论

理论）。

1983 年，科学家们在 CERN（欧洲核子研究中心）发现了具有被正确预言的质量和其他性质的光子的三个带质量伴侣。而领导几百名物理学家做出此发现的卡拉·鲁比亚和另一位开发了反物质储藏系统的工程师西蒙·范德·米尔分享了 1984 年的诺贝尔物理学奖。不过，霍金告诫跃跃欲试的年轻人，除非你已经是巅峰人物，否则，要在当今的实验物理学上留下痕迹极其困难！

四种基本力中最强的强核力

四种基本力的第四种是强核力，又称强相互作用力，简称强力。它将质子和中子中的夸克束缚在一起，并将原子中的质子和中子束缚在一起。一般认为，称为胶子的另一种自旋为 1 的粒子携带强作用力，它只能与自身及夸克相互作用，强核力是四种基本力中最强的，也是一种短程力。

看起来，强核力具有一种被称为禁闭的古怪性质，它总是把粒子束缚成不带颜色的结合体。这样一来，由于夸克有颜色（红、绿或蓝），人们就不能得到单独的夸克。反之，一个红夸克必须用一串胶子和一个绿夸克及一个蓝夸克联结在一起，即红 + 绿 + 蓝 = 白。像这样的三胞胎构成了质子或中子。其他的可能性则是由一个夸克和一个反夸克组成的对，如红 + 反红或绿 + 反绿或蓝 + 反蓝 = 白。这样的结合构成称为介子的粒子。因为夸克和反夸克会互相湮灭而产生电子和其他粒子，因此介子是不稳定的。类似地，因为胶子也有颜色，所以色禁闭也使得人们不可能得到单独的胶子。相反地，人们所能得到的胶子团，其最后叠加起来的颜色必须是白的。而这样的团形成的是被称为胶球的不稳定粒子。

我们现在研究强核力的理论是量子色动力学，我们最早认识到的质子、中子间的核力属于强核力作用，这股力量让质子和中子结合成原子核。随着科学发展，科学家们后来进一步认识到强子（现在粒子物理学中的概念，也是量子力学中的重要概念，指的是一种亚原子粒子，所有受到强相互作用影响的亚原子粒子都被称为强子，包括重子和介子）是由夸克组成的，所以强核力是具有色荷的夸克所具有的相互作用——色荷通过交换 8 种胶子而相互作用。在能量不是非常高的情况下，强核力相互作用的媒介粒子是介子。强作用具有最强的对称性，遵从的守恒定律最多，而强作用引起的粒子衰变称为强衰变，强衰变粒子的平均寿命最短，因此也被称为不稳定粒子或共振态。

由于色禁闭使人们观察不到一个孤立的夸克或胶子，因此将夸克和胶子当作粒子的整个见解看起来有"玄学"的味道。然而，通过研究我们发现，强核力还有一个叫作渐近自由的性质，即强核力的强度与距离成反比。当两个粒子贴近时，强核力几乎消失。它使得夸克和胶子成为定义得很好的概念。在正常能量下，强核力确实很强，它将夸克很紧地捆在一起。但是，大型粒子加速器的实验指出，在高能下强作用力变得弱得多，夸克和胶子的行为就像自由粒子那样，来回游走。

图说相对论

原子理论和量子理论的结合

尽管卢瑟福提出的原子结构模型非常吸引人，但它存在着一个致命的缺陷。因为按照经典物理学理论的计算，这种原子结构是非常不稳定的。围绕原子核做圆周运动的电子在运动过程中将逐渐失去能量，轨道半径也将随之变小，直至最终与原子核发生碰撞，这整个过程非常短暂。但在现实中，绝大部分原子都非常稳定。究竟是哪里出了问题？

玻尔假设

1912 年，尼尔斯·玻尔刚获得博士学位。在卢瑟福提出的原子模型的基础上，玻尔进一步研究了量子效应。基于普朗克在量子理论方面取得的研究成果，玻尔对经典理论的计算结果与实际情况之间的矛盾进行了解释。在研究原子的时候，玻尔发现电子蕴含的能量与其围绕原子核的运动频率成比例，而这个比值恰好等于普朗克常数。这一发现是他将量子理论引入原子模型研究的第一个线索。玻尔认为，量子效应在研究原子结构的时候肯定是一个重要的因素。

其实，对原子核外部的电子如何在不同能量轨道之间移动的描述，这才是玻尔最激动人心的假设。原子核外部电子运动的轨道有很多，电子可以在不同能级的轨道上运动。电子运动的轨道半径越大，它受到原子核的束缚力就越小，所以，如果要让一个处于低能量的内层轨道上的电子转移到另一个高能量的较外层的轨道上运动，就需要为它提供外部能量以抵消原子核束缚力产生的影响。

◎尼尔斯·玻尔

　　玻尔进一步假设，电子从低能级的内层轨道向高能级的外层轨道转移并不是一个连续过程，而是一个量子跃迁的离散过程。换言之，这种量子跃迁的特别之处在于，电子不可能处于任何介于两种轨道能级之间的能量状态。或者是原本能量较低的电子吸收外部能量后从内层轨道直接转移到外层轨道，其能量相应增加；或者是原本能量较高的电子直接从外层轨道转移到内层轨

图说相对论

道，其能量相应减少。电子轨道跃迁的现象都伴随着原子吸收或者释放能量的过程。所以，任何电子如果要从一个高能级轨道跃迁到另一个低能级轨道，那么原子一定以光或者热的形式对外释放能量；相反，如果电子要从一个低能级轨道跃迁到另一个高能级轨道，那么原子一定吸收了外部的光或者热所蕴含的能量。

1913 年，玻尔发表了他的假说。作为量子力学发展的一个缩影，他提出的理论最初并没有得到广泛的认同。就像当初抵制相对论那样，当时的物理学界并不认同量子力学的研究成果。经典物理学的理论毕竟已经存在 200 多年，并取得了辉煌的成果，所以物理学家们对"离经叛道"的量子力学进行强烈抵制也是一种正常现象。

谱线吻合

然而，玻尔提出的新的原子模型有很多优势。首先，虽然它是基于非常简单的氢原子提出的，但该模型可以解释很多氢原子结构的细节问题。根据玻尔模型，科学家们可以通过计算得到电子在跃迁过程中吸收或者释放能量的数值。他们把这个结果与实验中测量得到的氢原子谱线进行了对比，发现两者完全吻合。

当时，科学家们已经知道任何元素都有其特征谱线：当该元素吸收光能的时候，只吸收某些特定波长的电磁波能量；而当该元素释放能量的时候，也只对外辐射某些特定波长的电磁波能量。玻尔模型预测了氢原子中电子在跃迁过程中吸收或者释放能量的大小，并且与实验中观测到的谱线非常吻合。

元素周期表

除此之外，玻尔的理论还能够帮助科学家更好地理解元素周期表所隐藏的规律。化学课中教授的元素周期表有非常特殊的结构：在元素周期表中，那些性质相近的元素的位置都是毗邻的。根据玻尔的原子结构模型，科学家们就可以理解那些质量差异巨大的物质如何能表现出相近的性质。

根据玻尔的理论，围绕原子核运动的电子只有处于一些被称为"壳"的特殊轨道上时，其状态才是稳定的。不同能量的壳具有不同的性质，并且每个壳都只能容纳一定数量的电子。当容纳电子数达到上限后，它就处于饱和状态。一旦某个壳饱和，那么原本要进入其中的电子就会被强制转移到另一个不同能级的轨道上去。第一级的壳只能容纳 2 个电子，第二级则最多可以容纳 8个，到了第三级就可以容纳 10 个，以此类推。

科学家们后来发现，原子最外层的壳对元素之间相互作用的影响最大。这是由于最外层的壳包含的电子数往往并没有达到上限（因为离原子核越近的壳越先达到饱和状态，所以最外层的壳是最有可能还有空位的）。那些最外层的壳也已经饱和的原子是非常稳定的，这些原子构成的物质被称为惰性气体（其中包括氦、氖、氩）。那些最外层的壳所包含的电子数且没有饱和的元素比较活跃。所以，在元素周期表中，那些最外层壳包含电子数相同的元素被排在同一列中，这些显示出它们具有类似的性质。

早期的量子理论

在第一次世界大战期间，科学家们对量子理论的研究工作曾经中止过一段时间。20 世纪 20 年代早期，这方面的研究工作又开始继续。由于建立在当时理论数学发展的最新成果之上，新的量子理论充满了各种数学公式和数学定理。这种数学化的量子理论后来演变成了量子力学。

1916 年，阿诺德·索末菲扩展了玻尔关于原子的量子能级理论。玻尔的原子模型把电子轨道定义成球形，而索末菲则认为电子轨道是椭球形的，并且考虑到了相对效应。玻尔、索末菲与其他科学家在这方面的研究吸引了一些年轻聪明的学生，他们组织了一些研究中心，其主要目的是把量子理论与其他领域的研究相结合。尽管当时这些研究的前景很乐观，但最后并没有成功。

建立在动态系统的力学特性基础之上是导致早期量子理论失败的主要原因。比如对电子围绕原子核运动的描述，这只不过是在经典力学的基础上添加了一些量子效应的混合物。这些理论的前提都基于同一个假设：电子运动的球形或者椭球形轨道与太阳系中行星的运动轨道类似。

后来，科学家们发现，这种假设对像氢原子那样只有一个电子的简单原子是成立的。一旦把这些理论推广到更复杂的情形，如具有多个电子的原子或者一个电子围绕多个原子核运动的结构，所有的理论都会失效。

量子力学的矩阵形式

随着研究的深入，越来越多的证据表明，建立在经典力学基础上的早期量子理论存在着致命的缺陷：无法解释比氢原子更复杂的原子的结构。为了对原子结构提出更合理的解释，很多物理学家尝试发展新的理论代替早期的量子理论。马克斯·玻恩和他的助手沃纳·海森堡是这个时期的代表人物。

海森堡当时刚刚获得博士学位，其主要研究课题是确定一个特定系统所有可能的量子状态。经过大量烦琐的工作，海森堡最终在使用代数矩阵表示系统的量子状态方面获得了突破。在当时，代数矩阵是一种新兴的数学理论。海森堡也是在玻恩的指导下，才意识到代数矩阵是表达量子理论的绝佳的数学工具。

海森堡发展的这种新理论被称为"矩阵力学"或者"矩阵形式的量子力学"，其实是对量子理论的一种非常复杂和笨拙的数学描述。它的理论基础是数学上的矩阵结构，也就是二维数组，数组中的每一个元素都有特定的数学含义。如果不考虑形式的复杂程度，海森堡提出的理论就是对量子力学的首次完整描述。

量子力学的波动函数形式

在海森堡的工作取得进展的同时，另一些科学家也独立发展出一套量子力学的理论。路易斯·德布罗意在他所提出的理论中断言，波粒二象性不但对光和其他微观粒子适用，也可以推广到所有的物质（特别是电子）。在这一理论中，物质物理学与辐射物理学结合在一起。根据德布罗意的观点，甚至固态物质也有波长。

埃尔温·薛定谔把电子物质波这种新的表述形式推广到了一个更广泛的波动理论。薛定谔提出的波动方程非常著名，它把波动力学与广义相对的概念结合到了一起。薛定谔创立的第二种量子力学的系统表示形式被称为波动函数形式。

1925年，物理学上就有了两种能够完整描述量子力学的理论，一种是波动函数形式的，另一种是矩阵形式的，而且它们表达的意义彼此一致。幸运的是，科学家们很快就证明了这两种理论虽然形式不同，但在数学上却是等价的。

爱因斯坦对量子理论的反应

对这种新的量子理论，爱因斯坦的态度非常复杂。一方面，他支持科学上的新发现和新突破；另一方面，他个人认为宇宙是有序的，而且宇宙现象是可以预测的，这就与新的量子理论所描述的宇宙规律的随机本质相矛盾。

1924年，当时不同的量子力学理论之间的纷争还没有定论，爱因斯坦对这种现状感到非常悲观。存在两种有关光的理论，而且彼此之间似乎没有逻辑联系，这确实让人感到迷惑。关于玻尔对电子如何确定对外辐射时机的解释，爱因斯坦对此进行了否定。

同年，在爱因斯坦的帮助下，萨特延德拉·纳特·玻色发表了一篇论文。最初，杂志社拒绝发表玻色的这篇文章。后来，玻色将论文发给了爱因斯坦，爱因斯坦立即意识到这篇文章的学术价值并向杂志社极力推荐。在这种情形下，这篇论文才得以发表。玻色在论文中提出，光子有多种存在状态，而且光子的数量并不守恒。这个发现揭示了光子的自旋特性。

尽管最初对量子理论持否定态度，但当爱因斯坦于1926年接触到薛定谔的波动力学体系后，也对其卓越成果由衷赞赏。爱因斯坦写信给薛定谔，高度评价了他的研究成果。他认为，薛定谔所做的工作充满了天才的智慧，他的研究成果使量子理论的发展取得了决定性的进步。

海森堡的测不准原理

无法认同海森堡提出的测不准原理，这是爱因斯坦否定量子力学的另一个重要原因。海森堡的测不准原理于1927年提出，其基本含义是，不可能同时精确测量到亚原子尺度微粒的位置和动量信息。换言之，如果一位观测者非常精确地测定了一个微粒的位置，那么该微粒动量的测量值就不可能达到位置测量值的那种精度；同样，如果一个微粒的动量得到了精确的测量，那么该微粒位置的测量精度就会降低。

测不准原理引发的结论

测不准原理有很多奇怪的结论，特别是关于因果律的推论。在海森堡描绘的不确定世界中，对于现状的精确知识无法帮助观测者准确地预言将来。这个结果与经典物理学的结论是完全矛盾

图说相对论

的。根据牛顿提出的物理学观点，假如一个系统的当前状况完全已知，如知道一个微粒的位置和速度，该微粒在将来任意时刻的位置和速度都能得到精确的预言。

测不准原理还导致量子物理中出现了越来越多的概率描述。值得一提的是其对电子围绕原子核运动的轨道的描述。根据经典物理学的描述，电子围绕原子核的运动轨道与行星绕太阳运动的轨迹非常相似。在最初的量子理论中，科学家用电子在不同位置出现的密度来描述其围绕原子核旋转的轨道。而在海森堡的测不准原理框架下得出的结论则纯粹是一种概率描述。

物理学家们用概率密度分布描述原子结构中电子的运动情况，概率密度大的位置代表电子在该处出现的可能性高，而概率密度小的位置则表示电子在该处出现的可能性低。

海森堡的其他奇怪结论

1927 年，海森堡与玻尔开展联合研究，继续对量子力学进行系统化的研究。这次研究得出了很多奇怪的结论，其中包括对波和粒子的互补描述。根据他们的研究结果，一个物体既可能以波的形态存在，也可能以粒子的形态存在，这取决于观测者对其进行的观测行为。

根据波动函数的描述，在被观测到之前，物体以波和粒子的混合形态存在。因而，观测者的观测行为实际上改变了所观测系统的状态。当把上述思想与其他一些理念结合在一起后，玻尔和海森堡建立起一套完整描述量子力学的框架。这就是在 1927 年底发表的"哥本哈根解释"。

上帝是掷骰子的吗

海森堡不确定性原理的提出,使拉普拉斯的科学理论,即一个完全确定性的宇宙模型的梦想寿终正寝。换言之,如果人们根本无法准确地测量出宇宙现在的状态,那么就肯定无法准确地预言未来的事件。

当然,我们还是可以想象有这样一族生物,拥有一族完全的决定事件的定律,这些生物可以在不干扰宇宙的情况下观测宇宙现在的状态。不过,对生命短暂的人类来说,这样一个宇宙模型并没有太大意义。而有意义的,或许是被称为"奥卡姆剃刀"的经济原理,即将理论中不能被观测到的所有特征都割除掉。借助这个理论,海森堡、薛定谔和狄拉克在不确定性原理的基础上,于20世纪20年代将力学进行了重新表述,提出了被称为量子力学的新理论。在量子理论中,粒子不再具有各自被定义好的位置和速度,相反它们具有一个量子态,也就是位置和速度的一个结合,且只有在不确定性原理的限制下才能定义粒子的位置和速度。

对一次观测,量子力学通常并不预言它相对应的一个单独的结果,而是预言了一些不同的可能发生的结果,并告诉我们每种结果发生的概率。也就是说,如果我们对大量相似的系统做相同的测量,那么其中每个系统都会以相同的方式起始。此时你会发

图说相对论

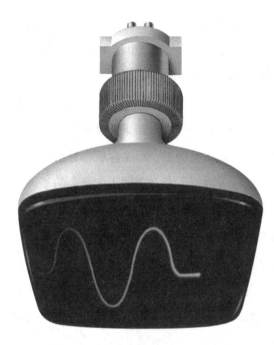

◎测不准原理与我们关于真空的感知有着有趣的联系。阴极射线管（如电视机或计算机中的）在它关闭的时候内部是真空的。根据左边的传统视图，真空将是简单意义上的空的空间。实际上这是不可能的，这里面始终会存在少量的原子。在量子视图中，海森堡测不准原理的结果就是一些虚粒子会短暂地存在于真空中，但我们不能直接测量到它们。

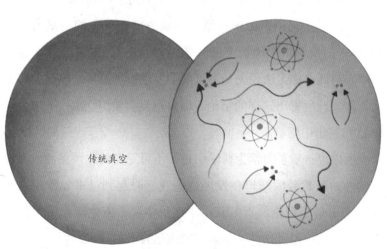

传统真空

现，在一定数目的情形下测量结果是 A，另外一个不同数目的情形下测量结果是 B 等。可是，你只能预言出结果是 A 或 B 的近似数，而不能预言任何单独测量的特定结果。

想象这样一个场景，你朝着镖板上掷镖。由旧的非量子理论可知，镖要么击中靶心，要么击不中。如果此时你知道掷镖时镖的速度、引力、推力和其他相关因素，那么你就会算出它到底会不会击中靶心。但根据量子理论，存在着镖击中靶心的某种概率，以及镖落到地板上任何其他给定面积的非零概率。不过，由于根据量子理论，镖未击中靶心的概率是如此之小，以至于你也许直到宇宙终结也观察不到镖没有击中的情形。所以，此时根据经典理论，也就是牛顿定律，可以断言镖将击中靶心，而假设它会击中则会更加保险。当然，这么说只是因为镖是一个比较大的物体，而如果在原子尺度下情形就完全不同了。

根据量子理论，由单一原子构成的镖有 90% 的概率击中靶心，5% 的概率击中地板上的其他地方，还有 5% 可能什么也没击中。对此，你无法预先知道可能会发生哪种情形，你只能在多次重复实验后得出这样的结论，即每重复实验 100 次，平均会有 90 次镖将击中靶心。

所以说，量子力学为科学引进了不可避免的非预见性或者说偶然性。虽然爱因斯坦在发展这些观念时起到过重要作用，而且凭借对量子理论的贡献获得了诺贝尔奖，但他却非常强烈地反对它。他曾说过这样一句名言来表达自己的观点，即"上帝不掷骰子"。可事实上，由于量子力学理论和实验符合得非常完美，多数科学家都愿意接受它。从这个角度来说，它已经被证明是一个非常成功的理论，而且也在一定程度上说明了"上帝是掷骰子的"。

玻尔与爱因斯坦的辩论

对量子力学的"哥本哈根解释"，并不是所有人都持赞同意见。爱因斯坦尤其反对在结论中出现的越来越多的概率解释。根据上述理论，只有在被观测到的时候，物理系统才会真实存在；观测行为本身会导致系统状态发生改变。这两个结论使爱因斯坦感到特别担忧。他坚信，任何自然系统都是客观存在的，而且其发展规律与对其进行的观测行为无关。爱因斯坦还相信，根据微粒的历史信息，我们就可以精确地计算出它们当前的状态。新理论中提到，物理事件无法精确预测，如原子发射光子的时刻。爱因斯坦对此也持不同意见。

在 1927 年和 1930 年召开的索尔维会议上，发生了两次著名的辩论。玻尔和爱因斯坦对新的量子理论的一些细节进行了一系列的讨论。在这些讨论中，爱因斯坦提出了很多反对意见，两人针对新理论的一些观点进行了反复论证。然而，这些讨论并没有达成一致意见，最终谁也无法说服对方。

爱因斯坦和玻尔之间的讨论澄清了量子力学的一些基本问题，并强化了某些基本概念。1935 年，爱因斯坦与鲍里斯·波多尔斯基以及内森·罗森联合发表了一篇论文。为否定量子力学的一些观点，他们在论文中假设了一种看似不可能的情况：对一个粒子位置的测量能够揭示另一个粒子所在的位置信息。这种情况被称为"怪异的超距离作用"。这也促使玻尔重新研究他的量子力学中的某个观点。然而，在很久之后的1964年，科学家发现了爱因斯坦—波尔多斯基—罗森表达式中存在的一个缺陷。看来物质确实具有三位科学家所认为不可能具有的奇怪性质。

德布罗意的波动力学研究

1929年，法国物理学家路易斯·德布罗意荣获了诺贝尔物理学奖。德布罗意最初攻读的是历史专业，并于1910年取得学位。然后他继续求学，并在1913年获得了自然科学的学位。第一次世界大战期间，他在军队中服役，主要研究无线通信技术。德布罗意的工作成果对后来波动力学的研究产生了重要影响。

德布罗意波长

德布罗意为物理学的发展做出了巨大的贡献，甚至有一个物理学术语用他的名字命名。"德布罗意波长"通过公式 $\lambda = h/p$ 描述了物质的波长和它的运动状态之间的关系。在上述公式中，λ 表示波长，h 是普朗克常数，p 是相对动量。德布罗意认为任何物质（包括人在内）都有波长，他就是通过这个公式来计算固态物质的波长的。爱因斯坦对德布罗意取得的成就发表了口头祝贺，并表示支持他的新理论。1924年，爱因斯坦还帮助德布罗意顺利获得了巴黎大学颁发的学位。多年之后，爱因斯坦也得到了德布罗意的坚定支持。

波动力学

德布罗意将一生中的大部分时间用在了对波动力学各个方面的研究上。他在与波动力学相关的很多领域做出了卓越的贡献，粒子旋转理论、光的新理论和原子物理学只是其中很小的一部分。在这个时期，爱因斯坦的工作成果对德布罗意产生了巨大影响。爱因斯坦揭示了光电效应的本质，并提出光具有波粒二象性。德布罗意运用爱因斯坦的成果大胆推论，他认为包括光在内的所有物质都具有波粒二象性。换言之，所有的物质都具有粒子和波两种特性。

对量子力学的进一步探索

尽管一直抵制量子力学的发展，但到了 20 世纪 30 年代晚期，爱因斯坦最终承认，尽管量子力学不够完美，但它确实描述了亚原子尺度下物质运动的部分规律。经典物理学的结论符合日常生活的经验，相对论描述的是高速运动的物质或者质量较大的物质所遵循的规律，而量子力学则反映了微观尺度下物质所遵循的规律。这三种理论从不同角度描述了我们所处的客观世界。

爱因斯坦从来不认为量子力学是一个完整的最终理论。量子理论中的数学工具无法精确预测事物的发展，只能做出概率形式的描述，这是他所无法接受的。爱因斯坦坚信，一定存在某种更本质的规律，不但可以描述单个原子的当前状态，并且可以确定那个原子在未来某个时刻的状态。他开始寻找这样一种理论，并准备把它作为相对论的一种扩展。对这种更本质的大统一理论的寻找，耗费了爱因斯坦晚年大部分的时间，最终也没能获得成功。

广义相对论和量子力学的结合

今天的物理学走到哪一步了呢？事实上，今天的我们已经掌握了若干个局部性的理论，除了有关引力的局部性理论广义相对论，我们还拥有了支配弱力、强力和电磁力的局部性理论。其中，后三种理论可以合并成所谓的大统一理论，即 GUT。但这个理论并不令人满意，因为它没有把引力包含在内，却包含了一些不能从这个理论预言而必须人为选择以适合实验的参数。

简单来说，找到一种能将引力和其他几种力统一起来的理论的困难之处就在于，广义相对论乃是一个经典理论。换言之，广义相对论并不包容量子力学的不确定性原理。而与此相反，其他三种理论都与量子力学紧密相连。因此，要找到统一理论，我们必须先把广义相对论和不确定性原理结合起来，也就是找到一种量子引力论。正如我们已看到的，这样的结合能产生一些非常显著的推论，如黑洞不黑、宇宙没有任何奇点及宇宙无边界理论。

事实上，创造量子引力论的真正困难在于，不确定性原理意味着甚至在"空虚的"空间也充满了虚粒子对或反粒子对。但如果情形并非如此，也就是说如果"空虚的"空间真的是完全空虚的，那就意味着所有的场，如引力和电磁场必须精确为零。然而我们知道，场的值及其随时间的变化率同粒子的位置和速度（位置的改变）极为相似。由不确定性原理可知，我们越是精确地知道这些量中的一个量，就只能越不精确地知道另一个量。因此，如果空的空间中的一个场被精确地固定在了零上，那么它就既有了准确的值（零），又有了准确的变化率（仍是零），这无疑违反了不确定性原理。所以说，在这样的场中必须有不确定性或者量子涨落的某个最小量。

严格来说，人们可以把这些涨落看成许多在某一时刻同时出现，运动分开，然后又走到一起，并相互湮灭的粒子对。这些粒子对看起来像携带力的粒子一样是虚粒子，而不像实粒子一样可以被粒子检测器直接观测到。不过，它们的间接效应，如电子轨道能量的微小改变，是可以观测到的，而且这些数据看起来和预言精确符合。这样一来，在电磁涨落的情形下，这些粒子就是虚粒子，而在引力场涨落的情形下，它们就是虚引力子。不过，在弱力场和强力场涨落的情形下，虚粒子对是物质粒子对，如电子或夸克及它们的反粒子。

唯一的问题在于，虚粒子是具有能量的。也就是说，因为具有无数的虚粒子对，它们看似应该具有无限的能量。因此，由爱因斯坦的著名方程 $E=mc^2$ 可知，这些粒子也应具有无限的质量。这样一来，根据广义相对论，它们的引力吸引将会把宇宙卷曲到无限小的尺度。显然这种情况并没有发生！

与此类似，在其他部分理论——强力、弱力和电磁力的理论，也发生类似的似乎荒谬的无限大。然而，所有这些情形下的无限大都能用被称为重正化的过程消除掉。只不过，看起来重正化存在一个严重的缺陷，以至于无法完全消除无限大。

将引力和其他力结合起来的最佳办法

重正化，是克服量子场论中的发散困难，使理论计算能顺利进行的一种理论处理方法。简单来说就是，重正化牵涉引入新的无限大，具有消除理论中产生的无限大的效应。不过，这些无限大并不需要被准确地消除。我们可以选择新的无限大以便留下小的余量，这些小的余量被称为重正化的量。

从数学角度来看，重正化的技巧看起来十分可疑。然而，实际运用中它不但确实行得通，而且能用来和强力、弱力及电磁力的理论一起做出预言，而这些预言又极其精确地跟观测相一致。但无论怎样，从试图找到一个完备理论的观点上看，重正化还存在一个严重的缺陷———旦我们从无限大中扣除无限大，那么你想要什么答案就能取得什么答案。这意味着，质量和力的强度的实际值不能从该理论中得到预言，而必须被人为选择以适合观测。不幸的是，在试图利用重正化从广义相对论中消除量子的无限大时，我们只有两个可调整的量：引力的强度和宇宙常数的值。前文已述，爱因斯坦相信宇宙不再膨胀，因此他将宇宙常数项引进了他的方程。可结果是，调整它们并不足以消除所有的无限大。因此人们得到这样一个结论：它似乎预言了诸如空间—时间的曲率的某些量真的是无限大的，然而观察和测量却表明它们的确是有限的。

这个合并广义相对论和不确定性原理的问题困扰了人们许久，直到1972年才被仔细的计算所证实。在此基础上，四年之后人们提出了一种可能的解答——超引力。从本质上来说，超引力理论就是广义相对论，只不过补充了一些粒子。

在广义相对论中，引力可被看作起因于一种自旋为2的粒子，即引力子。而超引力理论的思想是，我们应增加自旋为3/2、1/2和0的其他几种新粒子，并将它们与自旋为2的引力子结合在一起。这样一来，从某个意义上说，所有这些粒子都可被认为是同一种"超粒子"的不同侧面。

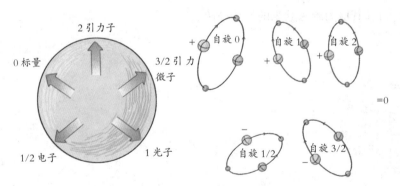

◎自旋为2的引力子和自旋为3/2、1/2和0的其他几种新粒子，可以共同组成具有超引力的超粒子。

◎自旋为1/2和3/2的虚粒子/反粒子具有的负能量往往会和自旋为0、1和2的虚粒子对的正能量相抵消。

这其中，自旋为 1/2 和 3/2 的虚粒子 / 反粒子具有的负能量往往会和自旋为 0、1 和 2 的虚粒子对的正能量相抵消。

这会使许多可能的无限大被抵消掉。但人们仍怀疑，某些无限大依然存在。事实上，人们可以通过计算来确认是否真的留下了某些无限大未被消除掉。然而，这计算是如此冗长和困难，以至于根本没人会着手去做。人们预计，即便使用计算机来计算，也要至少 4 年才能算出来，且计算机犯一次错误或更多错误的概率是很高的。而要想证明一个人的计算结果是正确的，必须另有其他人做重复的计算，并得到同样的答案。很明显，这是不可能的。

客观来讲，尽管存在以上问题，尽管超引力理论中的粒子似乎跟观察到的粒子并不相符，但多数科学家仍然相信，超引力可能是对物理学统一问题的正确答案，或者说它看起来似乎是将引力和其他力统一起来的最佳办法。

第二章

困扰爱因斯坦余生的统一场理论

爱因斯坦的终生遗憾

"统一场理论"是由爱因斯坦最先提出的。在当时,他认为,电磁作用和引力作用只是某种基本场的不同表现形式而已。为了证明这个观点,他展开了对统一场理论的研究。由于当时的科学界普遍认为宇宙中存在四种最基本的作用力,他决心把这四种力统一到同一个理论框架中。这四种力分别是:电磁作用力、引力、强作用力(使原子核聚集在一起的作用力)和弱作用力(原子在放射过程中产生的作用力)。

此外,量子理论也必须被引入到统一场理论的框架之中。量子理论是一种研究宇宙微观世界的科学,其研究对象包括分子、原子以及其他更基本的粒子。科学家对原子的研究是在亚原子尺度下展开的,其中包括质子和电子等,这也是目前人类可以观测到的极限。然而,相对论则恰恰相反,它研究的是宇宙的宏观结构。在宇宙的这个结构层面上,人类并不需要任何显微仪器的辅助,而是要依赖望远镜进行观测。

统合量子理论和相对论,是爱因斯坦在建立统一场理论时所遇到的最大挑战。换言之,他需要找到一种理论,在其框架体系内，量子理论和相对论都可以得到圆满的解释。由于无法相信量子理论所描述的微粒运动中没有明确的因果关系，他从来没有接受过量子理论的结论。也许正是由于这种理念的存在，他的统一场理论才没有获得成功。

除此之外，在研究统一场理论的过程中，爱因斯坦遇到的最大困难是统一电磁作用力和引力。这两种作用力的产生原因和性质截然不同，这使得他多次尝试联系微粒和光子的努力都失

◎爱因斯坦与记者

爱因斯坦说："如果没有特别的问题占据我的思想，我喜欢对我早已熟知的数学和自然定理进行论据重建。这种事情没有终点，只是一个耽迷于职业性思考的机会。"

图说相对论

败了。

为了给统一场理论的研究指明发展方向，爱因斯坦提出了几个预言。其中一个预言声称，电磁辐射和引力波是能量的不同存在形式，它们的传播速度等于光速。在后来研究核反应的时候，这个非常重要的事实帮助科学家发现了强作用力场和弱作用力场。爱因斯坦在对这些作用力以及核反应中产生的光子的研究过程中，提出了著名的公式 $E=mc^2$。在统一场理论中，爱因斯坦需要对这些不同的要素进行统合。然而，当时的场模型无法统一微粒与光子之间的相互作用。

无法完成统一场理论的构建是爱因斯坦一生中最大的遗憾。一些年轻科学家认为，爱因斯坦在晚年是在为一个遥不可及的梦想而努力，当物理学蓬勃发展的时候，对统一场理论的研究完全是在浪费时间和生命。然而，对于在寻找"关于一切的理论"的过程中所付出的巨大努力，爱因斯坦本人并不后悔。时至今日，尽管科学家们还没有成功地完成这个理论，但爱因斯坦当时所做的一些基础性工作仍是现在的边缘性研究课题。

并不全面的标准模型

整合自然界中所有的作用力还需要科学家们进行不断深入的研究，但随着当代物理学的发展，其中的一些作用力已经被成功地统合到了一起。比如，当代物理学中存在一个被称为"标准模型"的理论。在这个理论框架下，科学家们已经完成了对强作用力、弱作用力和电磁作用力的统一。

根据现代物理学的研究成果，标准模型可以很好地解释粒子具有的特性。事实上，该模型是一个解释粒子物理性质的数学模型，并且已经受到了科学界的广泛认同。根据标准模型，粒子可以分为两大类：玻色子（传导力的粒子）和费米子（构成物质的粒子）。引力子和光子都属于玻色子，而电子则是一种费米子。

然而，这个模型也存在一些缺陷：只能描述微粒的物理特性，而且无法在其方程中包含引力作用。对爱因斯坦而言，这显然还没有达到预期的目的。由于其不全面性，标准模型并不是一个真正意义上的统一场理论。

统一起来的力

虽然四种基本力各不相同，但它们很可能都只是单一的超力的外在形式。很长时间以来，科学家都在试图寻找能够支持这一可能的实验证据。目前，向发现超力的目标迈进的最大一步可能就是统一核力和电磁力。关于这一理论存在很多种假设版本，但还没有一个得到证明。尽管多种 GUT（大统一理论）版本的细节可能不尽相同，但它们的总体目标是相同的。

在证明过程中已取得的最重要的第一步进展是，在粒子加速器中，当达到足够高的温度时，无法区分电子和中微子。因为电子之间的作用力是电磁力，而中微子之间的作用力是弱核力，所以它们与其他粒子作用的方式一般来说很不相同。电磁力由虚光子携带，而弱核力由 W 粒子和 Z 粒子两种虚粒子携带。在高能状态下，两种粒子以完全相同的形式互相作用，利用的是两种单独的力的混合。这种混合力就是弱电作用。

在一种大统一理论中，夸克和轻子的行为方式一样。这将在粒子能量相当于 10^{27}K 的极高温度下发生，而这一温度被认为只有在宇宙刚刚诞生 10 ~ 35 秒的时间内能够达到。这种大统一形式很可能只能停留在理论层面上，因为科学家几乎不可能造出能够重现这一温度的仪器。

如果在现今低能量宇宙状态下没有一种微小的效应能够被静止地观测到的话，大统一理论仍然是不可验证的。大统一理论预测，质子在强核力相互作用下可以衰变为更轻的粒子。这种衰变是相当缓慢的：计算得出质子的平均寿命是 10^{32} 年。但是，如果有足够多的质子，如整整一大水箱，测到衰变过程中的一个质子的概率就能上升到使实验值得进行的程度。已经有多个这类实验进行了数年，但是到目前为止都还没有结果。

随着大统一理论的完善，将引力和其他力统一起来的任务可以开始着手进行。但是在这之前，现代物理学必须发展出关于引力的一种量子理论——要求找到在有质量的物体间传导引力的引力子。这种粒子将以光子传导电磁力一样的方式传导引力。关于引力的最佳理论是爱因斯坦提出的广义相对论，但是因为它并不要求携带这些力的虚粒子的存在，所以它并不是一种量子理论。

薛定谔与海森堡的研究成果

爱因斯坦并不是唯一试图寻找统一场理论的科学家，其他一些著名的科学家也有类似的兴趣，只不过他们各自的研究领域不同。薛定谔和海森堡就是其中重要的人物，他们的研究深化了爱因斯坦关于统一场理论的一些概念。

薛定谔是一位与爱因斯坦同时代的奥地利科学家。1906 年，薛定谔进入维也纳大学理论物理专业学习。当时他接触了很多理论，诸如麦克斯韦方程组、热动力学、光学等，并于 1910 获得博士学位。经历了短暂的军队服役生涯后，他找到了一份实验物理方面的工作。薛定谔学习的是理论物理专业，但这段工作经历使他积累了很多与实验相关的经验，对他以后的科学研究事业产生了深远的影响。

1921 年，薛定谔开始对原子的本质进行研究。20 世纪 20 年代中期，他的研究重点集中到量子统计学方面。同时，他还意识到了德布罗意研究结果的重大价值。从 1925 年开始，薛定谔与爱因斯坦展开了广泛的交流，他们之间很多通信的内容涉及当时物理学的发展情况和许多同时代的物理学家。1926 年，薛定谔发表了一些关于波动力学的论文，并成为世界知名的科学家。1933 年，他获得了诺贝尔物理学奖。

1940 年，薛定谔开始为建立统一场理论而积极工作。1943 年，他发表了一篇这方面的研究论文。1946 年，薛定谔通过写信的方式和爱因斯坦讨论了一些关于统一场理论的问题。虽然在这方面的研究并没有获得重大突破，但即使到了后期，他也一直坚持着对统一场理论的研究。

海森堡是一位在量子力学领域做出了重要贡献的科学家。量子理论是统一场理论基础中的一部分，因而他对统一场理论的研究也做出了一定的贡献。发展量子理论的"测不准原理"是他研究的重点。根据测不准原理，微粒的位置信息和动量信息相互耦合，至多只能精确测量其中的一个量。举个简单的例子，我们需要测量某个亚原子微粒的状态，但随着对其位置信息测量精度的提高，其动量信息的测量精度就会相应降低。反之亦然。上述思想是量子理论的重要基础。

海森堡与薛定谔各自提出了两种不同的量子理论，他们也常常在某些问题上进行反复讨论。基于测不准原理，海森堡发展出一套"矩阵形式"的量子理论，而薛定谔则在他的波动力学领域不断取得进展。最终薛定谔提出了一个证明，表明海森

◎1958年9月，在日内瓦召开了第二次联合国国际原子能会议。右二为沃纳·海森堡。

堡和他的理论在本质上是等价的。

后来，海森堡的测不准原理被归结为一种"概率场"。概率场的主要意思是：虽然无法确定单个微粒的精确位置，但在连续的时空中，该微粒有在某些特定区域出现的趋势。现在，科学家认为概率是一种自然界中所有作用力的潜在共同因素。概率既不能被创造也不能被消灭，并且其总量保持不变。上述观点虽然还没有获得证实与广泛的认同，但也许宇宙中确实存在这种规律。

对称理论及其分支理论

目前，把标准模型（包含了电磁作用力和弱作用力）与强作用力结合起来是统一场理论的主要研究领域，对称理论就是在这个基础上发展起来的。根据对称理论，任意元素都有自己的专属存在平面。通过科学家们的不断研究，对称理论已经有了很多分支理论：规范对称性理论、弦理论、超对称理论和 M 理论等。

规范对称性理论

20 世纪 60 年代中期，科学家们对统一场理论的研究获得了重大进展。物理学家斯蒂芬·温伯格和阿卜杜斯·萨拉姆共同提出了"规范对称性"理论。通过研究力的基本组成，他们将电磁作用力和弱作用力统一起来。他们的研究表明，光子构成了电磁作用力，而被称为玻色子的粒子则构成了弱作用力。此外，还表明玻色子是光子的一种类型。

弦理论

弦理论是现代统一场理论的重要分支。量子理论用来描述粒子性质的概率解释虽然令人信服，但科学家无法用同样的方法描述引力现象，弦理论因此应运而生。它被认为是一种引力理论和量子理论的平衡理论，所以有时人们也称它为"量子引力理论"。

为了更好地理解弦理论，我们可以用小提琴来进行形象的比喻。根据在小提琴上压住琴弦的指法的差别，以及弹拨力度的不同，小提琴可以发出不同音高的声音。上述思想体现在古希腊音乐家和毕达哥拉斯的著作中，这也是弦理论的本质所在。

弦理论有两种形式：能够由闭合形式分裂成开放形式的弦理论，闭合形式的分裂不能形成开放形式的弦理论。把一段开放的弦想象成在一条直线上传播的一个波形，当它运动到直线的末端时就离开了直线，这是第一种形式的弦理论。而在第二种形式的弦理论中，同样在直线上传播的波形，当它达到直线的末端时会发生反弹，然后反方向运动，最后的结果是那个波形在直线上来回震荡。弦理论认为构成引力的基本组成部分是引力子。

为了描述更为复杂的情况，科学家还建立了很多弦理论的子理论。玻色子弦理论仅仅描述那些传导力的微粒的特性，而描述构成物质的微粒则属于"超弦理论"的研究范畴。到目前为止，弦理论总共有五种子理论。这些子理论的名称比较古怪：I型理论，IIA型理论，IIB型理论，还有两种混杂弦理论。所有这些子理论都有共同的理论基础。

超对称理论

那么，当年爱因斯坦提出的整合四种主要作用力的统一场理论有没有进展？把自然界中的第四种作用力（引力）统一到这个理论中，这就是目前统一场理论的主要研究方向。事实上，弦理论的几种分支理论就致力于统合这几种作用力。

当把弦理论与引力理论结合在一起时，就产生了一种被称为超对称的分支理论。超对称理论是弦理论的一种分支，它试图发现构成物质的粒子与传导力的粒子之间的本质联系。传统的量子理论有无限的概念，而在超对称理论中则不存在，这是两者的本质上的区别之一。在超对称理论中，费米子和玻色子的作用最终相互抵消。

M理论

如果把弦理论、超对称理论与其他弦理论的分支理论统一起来，能不能实现统一场理论？或者，这些理论能不能纳入某个框架之中，从而实现爱因斯坦最初的梦想？现代的科学家和理论学家们正在对这种可能性进行研究，并把这种理论称为M理论，意思是"所有理论的根源理论"。到目前为止，M理论还远远未到成熟阶段，在这个领域还有很多工作要做。很多像超对称理论那样的学说都有可能成为其候选对象，最终被包含进新的统一场理论中。

细说弦理论

在粒子物理的标准模型中，粒子都被视为一种点状物体，它们在空间中自由移动，被它们相互间的作用力所指引。这些力通过四种基本力——引力、电磁力、强核力和弱核力——产生。粒子相互作用的众多方式都能由名为"载荷"的特性所解释，并与每个粒子在空间中的速度和位置有关。电荷是其中最为人熟知的一种，它决定了粒子通过电磁力相互作用的方式。质量也是一种载荷，它支配着粒子间基于引力的相互作用。其他的载荷还包括了强核力的颜色载荷和粒子的自旋。

标准模型在运用量子物理的概念解释电磁力、强核力和弱核力上都十分成功，也就是说"真实"粒子之间的力都是由虚粒子携

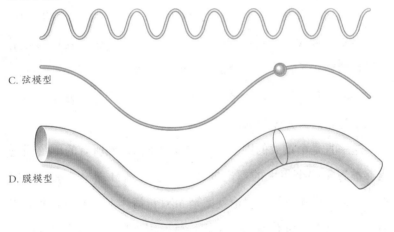

A. 经典模型

B. 量子模型

C. 弦模型

D. 膜模型

◎根据粒子物理的"经典"模型，所有基础粒子都是点状物体（A）。但是根据波粒二象性，粒子能够表现为波状（B）。在弦理论中，一条振动的"弦"（C）取代了粒子。在 M 理论中，额外的维度使得弦变成圆柱状的结构，称为膜（D）。

带的。但是，引力却不能用这种标准模型和量子理论来解释，因此物理学家一直在寻找其他的解释，其中之一就是弦理论。

在弦理论中，粒子被弦所取代。它们要么是闭环的，要么是开环的，就像一缕头发一样。弦以不同的方式振动，不同的振动模式产生了宇宙中所有不同的粒子。因此每种粒子都是对同一种潜在对象的不同表达——一个弦。在大部分情况下，这些振动都发生在我们所能知道的三维之上的维度。事实上，弦理论是建立在十维或者是十一维的空间上的。这些额外的维度被想象成空间的环，它们像互为相连的带子一样结合在一起，并且它们极小。它们据说是被压密的，这就是为什么即便它们支撑了我们周围的整个宇宙的外貌，而我们仍然不能察觉到的原因。

在最初的构想中，弦只适用于玻色子——一种携带力的粒子。应用另外一种被称为超对称的理论，弦变成了超弦，并且能够用来解释费米子（拥有半自旋的物质粒子，如电子和夸克）。这样，三种不同的超弦理论很快被提了出来，同时也产生了另外两种混合理论，它们被合称为杂化弦。

这一直是个重大的困惑，直到科学家认识到所有的单弦理论能够被置于一个更大的理论框架中。这就是 M 理论，意即母理论。五种自成体系的弦理论就像是 M 理论海洋上的小岛。理论物理学家正致力于研究 M 理论的可能性，因为为了建立一种合理的弦理论，引力也必须被包含进来，所以所有四种基本力都一下子被包括到一个理论中，而不再经由一个中间的大统一理论阶段。

一个形容十一维空间的独特的弦理论引起了广泛的关注：第十一个维度被想象成一个被压密的环，它能够将弦转变为一个开放的圆柱体，就像吸管一样。这些物体被称为膜，以突出它们与弦的区别。

M 理论和膜理论最令人激动的方面是：在小尺度上，它们重现了量子论的效应，在最大尺度上，它们也满足广义相对论。尽管在这种理论最终成型前仍有很多工作需要做，但看起来物理学家最终将找到一种关于所有事物的理论。

大统一理论

随着科学研究的发展，爱因斯坦当初提出的统一场理论在当代已经产生了一些分支理论。其中的大部分理论都试图把自然界的几种主要的作用力统一起来，而且有几个已经相当接近最后的期望结果。但遗憾的是，迄今为止还没有一个理论真正获得成功。

科学家们做了种种努力，试图把强作用力和弱作用力统一到一起。大统一理论提供了一个描述它们之间相互关系的数学模型。物质化的能量可以被认为是波动产生的根源，这也是联系自然界中各种存在形态的因素。根据波的理论，随着能量中转化为波的部分的比例增加，能量中转化为粒子那部分的比例也就相应减少。如果上述观点获得了实验的证实，大统一理论就能为世界的多样性提供一个惊人的合理的解释，而这也是爱因斯坦最感兴趣的问题。

统一场理论对日常生活的影响

弦理论是否只能停留在理论阶段？事实上，科学家们已经进行了很多相关的试验，并试图证明弦理论是统一场理论的重要组成部分。目前，解释粒子与引力以及运动之间的联系是研究粒子的主要目的。

粒子的重要性

人类对粒子的研究由来已久，1895年发现的电子成为后来阴极射线管（又称CRT）的基础，后者则导致了电视和显示器等诸多仪器的诞生。20世纪30年代早期，科学家首次观测到中子和正电子。创立于20世纪60年代的夸克理论描述了质子的内部结构。人类对微观粒子的研究是一个缓慢的过程，现在的研究也为粒子理论未来的发展奠定了基础。

寻找与量子理论的联系

爱因斯坦一直很怀疑量子力学中的概率描述方法，因为在量子理论中，所有事件的发生都基于概率，而爱因斯坦则希望能够获得确定的结果。按照他的世界观，宇宙应该是一个有秩序、有组织的存在。虽然晚年的努力并没能带给他期望的答案，但直到现在，科学家们还在延续他当年的梦想：寻找一个简洁、合理的理论来描述宇宙的一切奥秘。

第三章
相对论的实际应用和最新验证

"引力探测器 B" 计划的实际验证

爱因斯坦关于广义相对、引力、空间和时间的理论在 2004 年获得了最终的检验。美国国家航空航天局于 1964 年提出一项"引力探测器 B"计划，其目的就是为了探测并检验爱因斯坦相对论的预测结果。

背景

根据牛顿提出的理论，地球上任意两个物体之间都存在相互吸引的力。在万有引力定律中，牛顿认为，引力的大小随着物体质量的改变而发生相应的变化。牛顿的引力公式如下：$F=GmM/r^2$，其中 F 代表引力大小，G 是引力常数，m 与 M 分别代表了两个物体的质量，r 表示两个物体之间的距离。根据公式，引力常数乘上两个物体的质量，所得结果再除以两者之间的距离的平方就是引力大小。

后来爱因斯坦提出，光速是宇宙中所有速度的极限。这个观点带来了一个问题：引力是如何快速发生变化的？通过时空的连续性，爱因斯坦对此进行了解释。时空的性质有点类似于纺织品，各个部分之间紧密、均匀地编织在一起。大的物体（比如地球和其他行星）会使周围的结构发生弯曲和凹陷。比如，地球的自转运动就会导致周围的时空发生变化。

广义相对论为光和物质在引力作用下的表现形式给出了合理的解释。然而，若能直接观测到能够验证广义相对的证据则无疑会为科学家们提供更多的信息。1918年，物理学家约瑟夫·伦泽和汉斯·蒂林进一步扩展了时空理论。他们研究了引力对旋转物体（比如地球）产生的影响，并推导出了旋转物体通过引力作用对惯性坐标系施加的拖拉效应。

后来，爱因斯坦的广义相对论预言了这种伦泽—蒂林效应（又被称为"参考坐标系牵引效应"）。其基本含义是：当空间的一个小物体围绕一个大物体做旋转运动时，旋转运动本身也会对前者的运动轨道产生轻微的影响。这种效应被认为是导致类星体现象的原因。但是，由于这种效应非常微弱，所以在地球附近无法探测到它的存在。

进一步论证相对论的努力

测量地球周围的引力效应成为科学界普遍关注的一个问题。20世纪60年代，科学家们开始思考具体的探测方法。物理学家雷奥那多·席夫和乔治·普想出了一个绝妙的主意：通过人造卫星把陀螺仪送入太空，然后观测陀螺仪的状态。如果爱因斯坦理论中关于旋转物体会使局部时空结构发生弯曲的结论正确，那么他们就应该能观测到太空中那个陀螺仪的位置发生漂移，并且方向也会发生改变。陀螺仪姿态发生的变化会进一步论证科学家们

图说相对论

对时空结构性质的认识和理解。

在随后的 40 年中，科学家们一直努力寻找合适的实验方案。为了满足实验要求，陀螺仪必须被放置在一个真空环境中，而且不能受到温度变化或者震动等其他因素的影响。由于卫星本身会一直处于运动状态，并且太空中的温度变化程度非常大，所以要在一艘太空飞船中实现上述要求并不容易。

由于美国国家航空航天局的绝大多数项目都是为了完成多个任务而设计的，而这个项目的目的只有一个，为此，该项目被数次搁置。但是，该项目一旦获得成功，人类将首次探测到宇宙时空的一些基本特点。

水星近日点的预言被进一步证实

爱因斯坦逝世以后，其他科学家继续他生前的另外一个研究课题：对水星近日点的计算（我们在前文中曾经提到过近日点的定义：行星绕日轨道上离太阳距离最近的那个点）。水星是离太阳最近的行星，它的绕日运动周期也最短，大约每 88 个地球日就围绕太阳运行一周。

早在 19 世纪末期，科学家们就根据牛顿的万有引力定律，计算出了水星轨道的近日点，但发现该结果与实际情况不符。对于这个问题，他们百思不得其解。

爱因斯坦的预言

爱因斯坦生前曾经计算过水星轨道近日点在某个特定时刻的

位置。他还预言，由于广义相对的作用，水星轨道近日点的位置会与理论计算值略有偏差，其中的差异取决于轨道的某些性质。

根据相对原则，由于时空的弯曲，水星的绕日轨道会比牛顿万有引力的预测值略微靠前一点。爱因斯坦还认为水星运行轨道在某些位置上会偏离标准的椭圆曲线。

后来证实，由于广义相对效应的存在，爱因斯坦的结论完全正确。20世纪六七十年代，科学家们使用当时最先进的雷达和天文望远镜对水星轨道进行了高精度的观测，爱因斯坦的预言从而得到了证实。

粒子加速器的研制

粒子加速器是用人工方法产生高速带电粒子的装置。粒子加速器是非常复杂的一个系统，而且它广泛采用了各个专业领域内最高的技术水平，同时在加速器的建设过程中，各个相关领域的技术得到了很大的提高。

建设粒子加速器最重要的原因就是要探索微观世界的深层奥秘。有些人会问：为什么非要选择粒子加速器呢？在科学领域，光学显微镜、电子投射显微镜、扫描隧道显微镜、X射线扫描仪等，不都是非常精密且高科技的仪器吗？

那是因为人眼并不能看到所有的电磁波，我们看到的只是普通的可见光。而这种普通的可见光波长要长于原子的尺度，当光波遇到原子时，就如同长长的海浪绕过了一块石头一样，根本达

图说相对论

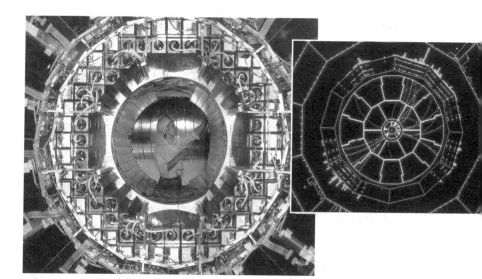

◎对粒子撞击的监测是在一个特制的巨大精密仪器中完成的。上面左图是一位技师正在检查位于瑞士日内瓦的欧洲粒子物理实验室的名为 OPAL 的检测器的密封盖。右边的图是典型的检测器的迹线，图像来自欧洲粒子物理实验室的 ALEPH。点线表示了碰撞的粒子产生的路径，磁场使它们弯曲，从而更容易辨认。

不到回射的效果，因此，显微镜是无法直接看到原子的。所以，人们必须借助波长更短的 X 光才能看到原子。而对粒子物理学而言，要想看到小于核子（质子中子）的粒子，就需要更高的能量，所以人们需致力于提高加速粒子的能量，进而，粒子加速器经过无数次的实验与研究终于诞生了。

1919 年，物理学家卢瑟福用天然放射源实现了第一个原子核反应，不久之后，人们便提出了用人造快速粒子源来使原子核反应的设想，然而没有一个科学家完成这一设想。1928 年伽莫夫关于量子隧道效应的计算表明，能量远低于天然 α 射线的粒子，也可透入核内，这个发现进一步激发了人们研制人造快速粒子源的热情。

20 世纪 20 年代中期，科学家们探讨过许多关于加速带电粒子的方案，同时也进行了许多次试验。终于在 30 年代初，高压倍加器、回旋加速器、静电加速器相继问世，从而加速了粒子加速器的发展历程。1932 年，物理学家考克饶夫和瓦耳顿用他们建造的 700kV 高压倍加器加速质子，实现了第一个由人工加速的粒子束引起的核反应。同年，劳伦斯等科学家发明了回旋加速器并开始运行。几年之后他们通过人工加速的 p、d 和 α 等粒子轰击靶核得到高强度的中子束，还首次制成了 Na、P、I 等医用同位素。以上这几位研制加速器的先驱者，后来都分别获得了诺贝尔物理学奖。在同一时期，物理学家范德格拉夫创建了静电加速器，它的能量均匀度高，被誉为核结构研究的精密工具。

粒子加速器俨然已经成为探索原子核、粒子性质的重要武器，在以后的几十年间，随着人们对微观物质世界深层结构研究的不断深入，各个科学技术领域对各种快速粒子束的需求不断增长，同时科学家也提出了多种新的加速原理和方法，发展了具有各种特色的加速器为人们服务。

在日常生活中，常见的粒子加速器有的用于电视的阴极射线管及 X 光管等设施，同时也是探索原子核和粒子的性质、内部结构及相互作用的重要工具，并在工农业生产、医疗卫生、科学技术等方面都有重要而广泛的实际应用。

图说相对论

实地观测到爱因斯坦环

对引力透镜的研究是爱因斯坦对科学发展的另一个贡献。他在 1936 年发表的一篇论文中提出，巨大质量的物体所产生的引力场会使经过其中的光线发生弯曲，其现象与光学透镜产生的效果相同。根据他所提出的时空连续性的概念，质量巨大的物体由于弯曲了其附近的时空，因而使光线发生弯曲。后来，科学家们把这种效应称为引力透镜。

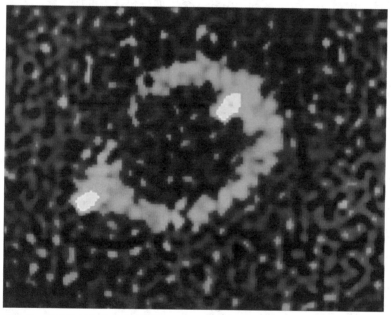

◎这是一张科学界称之为"爱因斯坦环"的遥远星系的太空照片，首次发现于 1987 年。爱因斯坦在 70 年前曾提出广义相对论，并预言了这种环的存在：在一些特殊的情况下，由于星系引力场的作用，遥远天体所发出的光线会严重变形，以致产生一个完整的圆环。

许多巨大的物体，如聚集在一起的很多星系，其产生的巨大引力就能够导致上述现象的发生。当光线通过这种物体的时候，其路径就会如同经过光学透镜那样发生偏转和焦距改变。根据观测者位置的不同，物体在引力透镜效应下所成的像会产生变形弯曲或者放大等不同的现象。

观测者与引力透镜之间的相对位置如果固定不变，所获得的像被称为爱因斯坦环，这也是为了纪念他在这方面做出的伟大贡献。1998年，科学家利用哈勃太空望远镜和乔德雷耳—班克天文台的天文望远镜阵列首次观测到爱因斯坦环。当与引力透镜之间的位置恰当，观测者就能得到很多像的叠影，其中的一种类型被称为爱因斯坦交叉。

玻色—爱因斯坦凝聚态

在低温领域，爱因斯坦结合玻色的理论，从而提出了另外一个重要的结论。玻色是一位印度物理学家，其兴趣在于研究光是如何以量子形态传输的。在研究原子的过程中，爱因斯坦引入了玻色的思想。他发现，当原子处于极低温度的环境下时，会发生一些奇怪的现象。根据玻色的理论可以推测出，当温度降至绝对零度左右时，物质将会表现出一种新的形态。在这种情况下，大量的原子会表现出理想系统的特性，它们的量子效应与热效应会互相抵消。

换言之，在这种极低的温度条件下，大量的原子会表现出单个原子的特性，一种特殊的凝聚态将会形成。在此之前，科学家认为物质只有4种存在形态（固态、液态、气态、等离子态），这种物质新形态的发现具有重大的意义。为了纪念二人在这个领域的杰出贡献，这种新的物质形态被称为"玻色—爱因斯坦凝聚态"。根据爱因斯坦的预言，当物质处于玻色—爱因斯坦凝聚态时，大量的原子都会表现出单个原子的特性，这使得科学家们能够在更大的范围内研究量子效应。

1995年，一个科学小组成功实现了玻色—爱因斯坦凝聚态，爱因斯坦对这种新物质形态的预言从而得到了证实。这个研究小组由埃里克·康乃尔和卡尔·维埃曼共同领导，他们因此分享了2001年度的诺贝尔物理学奖。

对 GPS 定位的杰出贡献

你的新车中有没有配置一个神奇的全球定位系统？你有没有见过高科技产品商店中出售的掌上 GPS（全球定位系统）接收机，并且还怀疑是否全世界都能看到附近地区的地图？非常感谢爱因斯坦，他的理论使这个惊人的新装置成为现实！

与相对论的关系

广义相对不但带来了科学研究领域的突破与理论方面的变革，个性化的科技产品还改变了全世界人们的日常生活方式。时间的流逝速率在不同的纬度地区并不相同，这是相对论所带来的一个"副作用"。当科学家设计 GPS 时，这种效应带来的影响必须被考虑在内。

工作原理

全球定位系统通过接收位于地球轨道上的卫星发射的信号进行工作。多颗卫星同时向地面发射信号，时间序列上相邻的信号之间存在一定的时间间隔，换言之，卫星发射的都是离散信号而非连续信号。为了让 GPS 信号接收装置（通常是一些手持模块，或者安装在汽车、飞机和其他运输工具上）能够从接收到的信号中确定卫星当时所在的精确位置，所有的信号在发射以前都经过了编码。已知光的传播速度，根据卫星发射信号之间的时间间隔，我们就可以换算它们之间的相对距离。通过这种方式，GPS能够在任意时刻计算出自身的精确位置。

为了达到足够高的计算精度，GPS 卫星上的时钟精度必须达

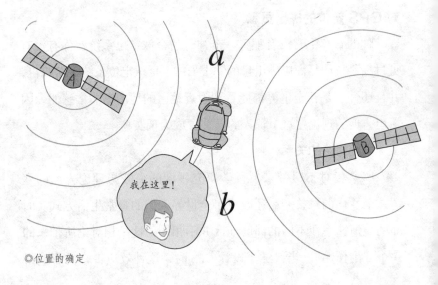

我在这里！

◎位置的确定

图说相对论

到 1 纳秒（也就是十亿分之一秒）。然而，相对于地面上观测者而言，卫星的位置一直在变化。因而，狭义相对和广义相对效应都会对 GPS 的正常工作产生影响。设计 GPS 卫星的科学家们必须充分考虑两方面的因素：狭义相对带来的时间膨胀效应和广义相对中时间流逝的速率同纬度之间的相互关系。

非常感谢爱因斯坦的杰出贡献，科学家们才能够得以精确校正狭义相对和广义相对效应对计时的影响，并把矫正模块嵌入卫星的时钟单元中。如果没有这个矫正环节，GPS 卫星之间的同步时差将会达到几分钟，而地面上的定位精度将会以每天大约 10 千米的速率递减；如果没有爱因斯坦的相对论，那么 GPS 定位将不可能实现，而飞机和登山者们在自身定位的时候也会遇到更大的麻烦。

爱因斯坦的一个错误

在爱因斯坦的众多研究结论中，宇宙常数是少数未能经受住时间考验的成果（这部分内容已经在前文中进行了详细的讨论）。当爱因斯坦发展他的相对理论时，当时科学界普遍认为宇宙处于恒定的静止状态。为了让其理论能够与上述观点保持一致，他引入了宇宙常数。后来的事实证明他的做法是错误的。

为了使相对论能够成为宇宙学方面的主流理论（也就是排除宇宙膨胀的可能性），爱因斯坦在他的广义相对方程中添加了一个额外的变量，并用希腊字母"λ"表示。作为一个常量，在宇宙中的任何一个位置，λ 的数值不变。所以，这个常量有时也被

◎哈勃

称为"反引力常数"。

　　事实证明，当时爱因斯坦为了保持其宇宙方程的平衡所做的一切努力都是错误的，在模型中引入宇宙常数的结果背离了宇宙膨胀的事实。这个概念在1917年提出后不久，就被普遍认为是爱因斯坦理论中的一个瑕疵。

　　1922年，一位名叫亚历山大·弗雷德曼的俄国数学家尝试

图说相对论

建立一个不依赖宇宙常数的宇宙模型，并最终获得了成功。事实上，弗雷德曼意识到，宇宙正处于不断膨胀的动态过程中。他建立了一个描述宇宙动态性质的方程，即弗雷德曼方程。

除此之外，爱因斯坦的结论还被哈勃的工作进一步证明是错误的。当时，哈勃是威尔逊山天文台的一位科学家。在对天体的观测中，他发现宇宙事实上正处于膨胀状态。通过研究仙女座的情况，他建立了一些描述该星系和地球之间的距离与速度关系的方程。通过这些方程，哈勃得出了结论：宇宙并不静止，而是处于膨胀状态。

最后，科学家们认识到爱因斯坦引入宇宙常数的做法毫无必要。他本人也声称，引入宇宙常数是一生中所犯的最大错误。1932年，爱因斯坦宣布撤销这个理论。

广义相对论的扩展研究

爱因斯坦早期的工作开创了相对论领域的研究，到了晚年，他开始致力于研究融合广义相对和量子力学的统一场理论。除此以外，爱因斯坦在晚年也对早期的工作进行了一些更深入的研究。广义相对论的扩展研究就是其中的一个有趣课题。

1937年，爱因斯坦联合利奥波德·英菲尔德和班诺什·霍夫曼，共同发表了论文《引力方程和运动问题》。他在这篇文章中指出，根据场方程可以推导出广义相对论中的近程线方程，也就是广义相对领域的爱因斯坦—英菲尔德—霍夫曼（简称EIH）的近似方法。

求解爱因斯坦场方程组

研究广义相对方程的新求解方式，这是对爱因斯坦早期研究工作的扩展，也是现代研究的热点领域。广义相对理论有时也被称为引力理论，它可以推导出一系列被称为爱因斯坦场方程组的表达式。这些方程描述了物质周围的引力分布情况，如地球周围的引力场。结合爱因斯坦关于时空连续体结构的描述，他的场方程组提供了一种计算时空弯曲程度的方式。此外，这些方程还精确定义了时空对于物体本身的反作用。

从广义相对的主要表达式 $G=8T$ 能够推导出爱因斯坦的场方程组。在上述方程中，G 是爱因斯坦张量，T 则表示应力能张量。根据广义相对的原则，爱因斯坦张量描述了时空连续体的弯曲程度和表现形态。应力能张量则描述了能量和动量。

由于能够描述时空的各个方面，这些场方程对于科学界而言具有极其重要的意义。对黑洞概念的定义就是这些场方程的一个重要应用。然而，它们的形式异常复杂，以致无法用普通的数学工具求解。爱因斯坦本人也承认，求解问题已经成为广义相对论应用的瓶颈。在现代，科学家和研究人员已经能够利用计算机强大的处理能力对这些方程进行求解，这个领域逐渐取得突破性的进展。

近程线方程

广义相对论的近程线方程能够从爱因斯坦的场方程推导获得。

换言之，爱因斯坦场方程组的一组解表现为近程线的形式。根据定义，近程线是一组普通微分方程组的解。在相对论的领域，这个定义意味着近程线就是曲面（比如时空曲面）上两点之间的最短路径（距离）。由于时空是弯曲的，连接时空中两个物体的最短路径必然是一条曲线，这条曲线被称为近程线。

相对论的上述特点已经被其他的科学领域吸收并发展，在航空产业中就有近程线的一个典型应用。事实上，飞机飞行的路径并非直线而是一条近程线，这样就可以始终保持距离地面的高度最小，从而缩短飞行时间和提高燃油效率。爱因斯坦可能从未预见自己的相对论会被应用在这个领域，但它确实影响了每一个乘坐飞机旅行的乘客的生活。

二体问题

广义相对领域的"二体问题"是相对论扩展的另一个事例。在很多互相关联的学科领域中都存在二体问题。它描述的是一种由两个存在相互作用的物体所构成的动态系统。科学家研究二体问题的最终目的是确定这两个物体的运动规律，一个星体围绕另一个星体的运动就是一个典型的二体问题。从开普勒发现行星轨道到尼尔斯·玻尔建立原子结构模型，二体问题已经成为物理学很多领域的共同研究课题。

二体问题还存在解析解（精确解），但三体问题（或者更高阶数问题）则不存在。科学家们尽管能够列出描述三体问题的方程组，却无法获得精确解，而只能使用近似方法。这种近似计算的方法被称为数值计算。

从前面章节的内容我们已经了解到，相对论为物质周围的引力场分布提供了一种描述方式。引力场的所有信息都包含在16个微分方程中，这些方程被总称为爱因斯坦场方程组。20世纪60年代，科学家在宇宙学领域的二体问题研究中取得了一些进展。相对论方程组也被用来计算围绕黑洞旋转的粒子的运动状态。事实上，两个黑洞发生的碰撞事件也是二体问题的一种特殊形式。

20世纪90年代，科学家们试图解决二体问题与爱因斯坦广义相对实验之间的矛盾。统一场理论就是一个典型的例子。这个理论尝试把电磁场作用力、引力以及强作用力和弱作用力统一起来，从而用一种严密、简洁的方式解释宇宙中所有的作用力。二体问题就是这个难题的核心问题。结合了相对论的爱因斯坦场方程组能够解释某些现象，但还不足以成为一个统一性的理论框架，统一场理论还有待进一步发展。在这种情况下，广义相对领域的二体问题依然有待解决。随着计算机技术的不断发展，科学家们认为人们最终能够彻底解决该问题。

引力波

除了统一场理论的研究工作之外，相对论中还存在其他有待实现进一步突破的领域。引力波就是其中的一项。根据广义相对论的预言，在各种形式的波中，存在一种传递引力的波。然而，直到目前为止，引力波还没能获得实验的证实。如果能够找到证实引力波存在的证据，不但广义相对论的正确性将获得进一步的

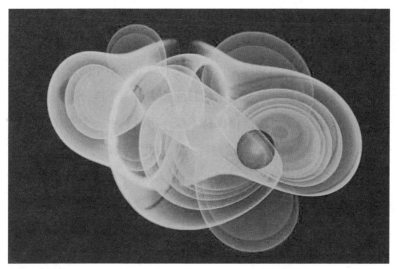

◎引力波想象图

验证，而且有可能产生相对论的新应用前景。

现在，美国和欧洲一些国家都有探索宇宙中引力波的计划。通过前文的叙述我们了解到，引力探测器 B 是一颗于 2004 年 4 月发射的卫星，其主要使命就是探测地球周围的引力波。

激光地球动力卫星Ⅲ计划是另外一个由多国合作的项目，其中包括西班牙、美国、法国、德国、意大利和英国。该计划的主要使命是探测爱因斯坦相对论中预言的另一个物理量：地球引力磁场偶极距。

对大统一理论的检验

大统一理论有一个非常有趣的预言，即构成通常物质大部分质量的质子能自发衰变成像反电子一样更轻的粒子。人们推测，出现这种情况的原因在于，在大统一能量下，夸克和反电子在本质上是相同的。我们知道，正常情况下一个质子中的三个夸克是没有足够的能量转变成反电子的。此外，由测不准原理可知，质子中夸克的能量不可能严格保持不变，所以其中一个夸克能非常偶然地获得足够能量进行这种转变，由此导致质子衰变。不过，夸克得到足够能量的概率是如此之低，以至于至少要等 100 万亿亿亿年才能有一次。这个时间比宇宙从大爆炸以来的年龄（大约 100 亿年）还要长得多。鉴于此，人们认为不可能在实验中检测到质子自发衰变的可能性。但是，我们可以观察包含极大数量质子的大量物质，以增加检测到衰变的机会。例如，按照最简单的 GUT，如果我们的观察对象包含 10^{30} 个质子，那就可以预料，在一年内我们可以看到多于一次的质子衰变。

人们试图通过实验得到质子或者中子衰变的确凿证据，然而一直无果。某次试验中，为避免其他因宇宙射线引起的可能和质子衰变相类似的事件发生，人们用 8 千吨水来进行试验。不过，实验中并没有观测到自发的质子衰变。对此人们认为，可能的质子寿命至少应为 1000 万亿亿亿年——这要远远长于最简单的大统一理论所预言的寿命。人们还发现，一些更精致更复杂的大统一理论预言的寿命比这更长，要检验它们只能使用更灵敏的手段。

可以想象，在宇宙开初的最自然状态下，夸克并不比反夸克更多。这样一来，尽管观测质子的自发衰变非常困难，但很可能正由于这相反的过程，即质子或夸克的产生，导致了我们的存在。我们知道，地球上的物质主要由质子和中子进而由夸克构成，除了由少数物理学家在大型粒子加速器中产生的之外，现实中并不存在由反夸克构成的反质子和反中子。另外，从宇宙线中得到的证据表明，我们星系中的所有物质也是如此，除了少量当粒子和反粒子对进行高能碰撞时产生出来的以外，没有发现反质子和反中子。可以想见，如果在我们生存的星系中存在很大区域的反物质，则可以预料，在正反物质的边界必然会观测到大量的辐射。这是因为，在该处的许多粒子会和它们的反粒子相互碰撞、互相湮灭并释放出高能辐射。

目前，科学家倾向于相信所有的星系是由夸克而不是由反夸克构成的。这是因为，我们并没有观察到由正反粒子湮灭所产生的辐射。当然，在证明其他星系中的物质到底由质子、中子还是反质子、反中子构成方面，我们还没有直接的证据。然而，无论怎样，两者必居其一。这样一来，其实就说明了，一些星系为物质而另一些星系为反物质是不太可能的。

附录一：
"相对论之父"——爱因斯坦小传

1905 年，一份德国科学杂志刊登了一篇涉及狭义相对论的文章。该论文的发表无异于石破天惊的大发现，几乎动摇了经典物理学的根基，完全改变了科学界对空间、时间、物质、能量和光等事物的认识。这篇论文的作者名叫阿尔伯特·爱因斯坦，是瑞士国家专利局的职员，当时他年仅 26 岁。爱因斯坦没有大学的职位，也没有在任何实验室或科学图书馆任职的工作经验。在许多人看来，他的观点简直如同无中生有，正如物理学家查尔斯·斯诺所说，相对论的提出就好像是爱因斯坦"凭空思考得到的结论，没有任何实验或理论依据"。10 年后，爱因斯坦独立完善了他的这一划时代的科学理论，在狭义相对论的基础上进一步提出了广义相对论，其中还重新阐释了对引力的新理解。他在科学上的特殊成就简直是"前无古人，后无来者"。

幼年的生活

爱因斯坦于 1879 年 3 月 14 日出生在德国乌尔姆，他从小在慕尼黑城长大。他幼年时只是个普通小孩，并没有任何早慧的迹象。据说他小时候并不活泼，直到 3 岁多才学会讲话。爱因斯坦年幼时非常憎恨学校，严苛的纪律管理和死板的教育方法令他觉得很不自在，他的功课一般，与其他同学相比毫无突出之处。在这个时候，爱因斯坦唯一的娱乐就是拉小提琴，这项爱好陪伴了他一生。此外，数学也是他较为感兴趣的学科。15 岁时爱因斯坦因故被勒令退学，以致没有拿到文凭。

根据德国当时的法律，男孩只有在 17 岁以前离开德国才可以不必回国服兵役。爱因斯坦为了逃避兵役，退出德国国籍来到瑞士。他参加了苏黎世理工学院的入学考试，第一次尝试以失败告终。取得中学学历后，他再一次报考苏黎世理工学院，终于得以跨入理工学院的校园主修物理和数学。1900 年，爱因斯坦从苏黎世理工学院毕业，并找到了一份数学代课教师的工作，但他仍然希望能进入更高的学府深造。此后一年间，爱因斯坦辗转于各高校到处递交入学申请，却都如石沉大海，杳无音信。

1902 年，爱因斯坦在朋友的帮助下找到了一份体面的工作，正式受聘于专利局任三级技术员，工作职责是审核申请专利权的各种技术和发明创造。这份工作的薪水颇为丰厚。正式工作后第二年，他便与匈牙利女子米列娃·玛丽克喜结连理。由于工作相对比较轻松，为他开展科学研究腾出了不少时间，爱因斯坦兴奋地称之为自己的"抽象和数学思考的随意时间"。从那时起，爱因斯坦开始向德国的一份物理学杂志《物理年报》投寄论文。

奇迹般的一年

1905 年，爱因斯坦在科学史上创造了一个史无前例的奇迹。

这一年他向《物理年报》杂志陆续递交了5篇论文，分别在物理学的多个领域做出了突出的贡献，其中一篇甚至有着划时代的历史意义。他在第1篇论文中，用光量子概念巧妙合理地解释了经典物理学无法解释的光电效应。1921年，爱因斯坦因为"光电效应定律的发现"这一杰出成就获得诺贝尔物理学奖。

第2篇是关于分子大小的测定方法，凭借此文，爱因斯坦获得了苏黎世理工学院的博士学位。第3篇则从理论角度解释了布朗运动现象。所谓布朗运动，指的是液体中悬浮粒子的无规则运动情况。爱因斯坦应用数学工具，证明液体分子的无规则运动是分子的热运动和分子间相互碰撞的结果。这篇论文的发表对原子论的建立具有至关重要的作用，从侧面证实了原子的存在性。

狭义相对论的提出

1905年6月，爱因斯坦完成了开创物理学新纪元的第4篇论文《论动体的电动力学》。他在这篇论文里完整地提出了狭义相对论，该学说的主要观点在于，时间和空间概念对于观察者而言都是相对的。换言之，我们之所以感觉到时空变化速度一致，那是因为相对运动速度相同。当观察者之间的相对速度不一致时，就会观察到异样的情况。例如，当一艘太空船以接近光速的速度经过地球时，在身处地球的观察者看来，船身似乎正变得越来越短。如果他对太空船进行测重，还会发现它的重量比相对静止时要大得多。此外，假如在舱内放入一只手表，奇迹发生了：太空船内的时光似乎放慢了脚步，以至于手表的走时减慢。但相对于舱内的宇航员来说，太空船内的一切，包括船身长度、重量和时间等，依然正常如初。

狭义相对论的提出是近代物理学领域的伟大革命。它改变了牛顿力学的时空观念，明确指出世界上没有绝对时空的存在，时间和空间都取决于参考系的位置和相对速度。在此之前，从来没有人对时空的绝对性提出过质疑，而现在经典物理学的时空观念却遭到了前所未有的挑战：人们之所以没有感觉到时空的相对性，是因为所有人都在以缓慢的速度运动着。对于爱因斯坦而言，唯一绝对的概念是光速，无论在何时何地，光速的测量结果都是绝对一致的。他还认为物体的运动速度永远不可能超越光的传播速度，因为当物体以光速运动时，其质量会无限增大，长度无限缩小，时间则完全停滞。

推导出质能方程式

爱因斯坦发表狭义相对论学说后，并未满足于已有的发现，又开始对其进行了更深一层的研究，着手开始第 5 篇论文的撰写。根据狭义相对论，当研究对象的运动速度接近光速时，物体质量会不断地上升，这个过程必然需要相应的能量来维持。简单地说，就是能量转化成质量。爱因斯坦因此指出，质量是能量的一种特殊形式，并推导出著名的质能方程式：$E = mc^2$（能量相当于质量和光速平方的乘积）。这是一个全新的科学观点，其应用

范围非常广泛，如它可以用来解释放射现象产生的机理。微小的
放射性元素分子之所以能够释放出巨大的放射能，是能量和质量
之间快速转化的结果。此外，公式 $E = mc^2$ 还预示了一个普遍原
理，即每个原子内部都蕴含着巨大的能量。

　　起初，爱因斯坦的理论并未引起太多的关注。就爱因斯坦本
人而言，他仅仅是一位身份低微的专利局技术员。尽管他拥有博
士学位，但在科学界仍然缺乏足够的地位和分量。此外，他提出
的理论实在是太过超前，其中包含的公式也极其复杂深奥，以致
大多数科学家都难以理解，部分人甚至还认为他的想法纯属"古
怪"。终于有一天，著名物理学家普朗克致信给他，询问了有关
狭义相对论的一些问题，这次交流非常愉快。1906 年，普朗克
还派助手拜访了他。自此，爱因斯坦的名声与日俱增。1907 年，
他开始寻求一个大学职位以便继续他的科学研究。两年后，爱因
斯坦辞去了专利局的职务，成为苏黎世理工学院的理论物理学教
授。期间，他来到布拉格德国大学进行了短期交流，并于 1912
年晋升为该校的教授。1913 年年末，在普朗克的盛情邀请下，爱
因斯坦远赴柏林大学以教授身份加入他的研究团队中。由于柏林
大学的任教工作相当轻松，爱因斯坦得以自在地开展自己的实验
研究。

广义相对论的提出

　　狭义相对论建立后，爱因斯坦并不满足，力图在理论中引入

图说相对论

引力场的影响并建立起广义相对论的学说。之所以冠以"狭义"二字，是因为该理论只适用于匀速运动的物体，一旦引力项加入其中，物体的速度和方向就会发生变化，该理论也就不再适用。爱因斯坦于1915年递交了关于广义相对论的文章，该文发表后引起的反响堪与10年前的狭义相对论媲美。几百年来，牛顿等物理学家都认为引力仅仅是一种力，但爱因斯坦却赋予它完全不同的概念。他提出，引力场其实是一种时空的弯曲作用，它依附于有质量的物质而生。

所谓"时空"，即空间和时间，这两个通常被我们区别对待的物理概念，事实上是一个四维统一体。其中，三维指的是组成空间的三个方向，第四维则为时间项。根据爱因斯坦的广义相对论，物体在时空区域中由于质量的存在而造成时空的弯曲。同时，物体质量越大，弯曲程度也越明显。行星之所以会围绕太阳旋转

◎进行科学论证的爱因斯坦

有些理论（比如由阿尔伯特·爱因斯坦阐述的相对论理论）对科学的所有领域以及其他相关学科的重新定义发挥了重要的推动作用。

运行，是因为有力的强制作用。太阳本身的弯曲时空也是一个不可忽视的元素，它导致行星运行轨道呈椭圆形而非圆形。

在当时，大多数科学家都无法理解爱因斯坦的这项最新理论，甚至有一些专家认为它荒诞不经，对它不屑一顾。爱因斯坦必须找到确凿的物理证据，才能说服世人接受自己的学说。他在广义相对论中指出，任何物体都会受到弯曲时空的影响，就连快速传播的光也不例外。因此，如果人们能在地球上观测到遥远的星体在绕太阳运行时光线会发生弯曲，那么，就能为相对论提供强有力的事实依据。而日食是唯一可以在白天观测到星体的时机。1919 年 5 月 29 日，天文学家亚瑟·爱丁顿爵士组织日食远征队到非洲的几内亚进行实地观测。11 月，伦敦皇家学院发表声明，指出爱丁顿拍摄的照片中显示的一个重要现象：当星体运行到最大程度接近太阳的时刻，其位置发生了微小的移动。恰恰是这一看似不起眼的变化有力地证明了爱因斯坦广义相对论的正确性。

全世界著名的科学家

各大报纸纷纷把这一惊世发现列为版面头条，爱因斯坦也因此声名大振，迅速成为当时世界上首屈一指的伟大科学家。各地的信件纷至沓来，邀请他撰写专著或者请他到当地做学术报告。然而，爱因斯坦因生性内敛而不善社交，对这些热情洋溢的言辞一概置之不理，依然埋头于自己的学术工作。他接下来的课题是探究电磁场和引力场之间的联系，向发现伟大的"统一场论"跨

出了极为关键的第
一步。统一场论提
出了一个适合宇宙
万物的自然规律，
从亚原子结构到行
星和恒星等天体，
都可以应用该理论
解释其现象。在爱
因斯坦的后半生，
他几乎把全部的科
学创造精力都用于
统一场论的探索，
但没有取得真正具
有物理意义的结果。

◎该图根据爱因斯坦的广义相对论形象地展示了行星使
时空弯曲的现象。蓝色格子线条代表时空，它们就像是
有弹性的橡胶薄层，物质质量的变化则引起了这些线条
凹痕大小的改变。

此外，他参与构建有关量子力学的完备性问题，并从中发现了亚
原子微粒的测不准原理。该学说的基本思想是，运用数学方法只
能计算出亚原子微粒在某处出现的概率，却无法确定其确切位
置。从某种程度上说，爱因斯坦是认可量子力学的研究意义的，
但他始终拒绝接受测不准原理，或者说，是物理学研究中这种不
确定的思维方式让他反感。

爱因斯坦于1929年发表统一场论的第一版专著，全世界的
媒体都对此表示了极大的关注。与之相对的是，科学家同行们则

持批评的态度，他们认为爱因斯坦的研究方向发生了错误，并希望他可以早日放弃在这个领域的工作，加入量子力学的研究大军中来。

20世纪20年代，爱因斯坦逐渐把精力投入政治事业上。作为一名终身的和平主义者，他一直关心着人类的文明和进步，并积极参与人类进步事业。他周游列国，与当时著名的社会活动家同行。例如，精神分析学家弗洛伊德、印度诗人泰戈尔等都是他的同伴。1933年，爱因斯坦移居美国，在新泽西的普林斯顿高级进修学院任职。1950年，他出版了统一场论专著的第二版书籍，仍遭到同行的反对。在这个时期，由于他远离了当时物理学研究的主流，不少理论物理学家开始忽视爱因斯坦的工作，但他依然无所畏惧，毫不动摇地走着自己所认定的道路。爱因斯坦于1955年4月因病逝世，享年76岁。

现在，爱因斯坦被认为是人类历史上非常伟大的科学家。他在20世纪初提出的经典理论极大地改变了人类对世界自然规律的理解。尽管在提出广义相对论时，爱因斯坦还认为宇宙是静止的，但其包含的理论却从侧面预示着我们生活的宇宙在不断扩大。1929年，天文学家埃德温·哈勃证实了这个假说。爱因斯坦提出的质能方程式 $E=mc^2$ 被后人应用于核能的研究，在原子弹和氢弹的制造中也起到了关键的作用。而对爱因斯坦遗留下来的统一场论难题，当代的科学家们又重新认识到了它的重要意义，对电磁场和引力场的研究还在进行中。

附录二：

爱因斯坦年表

1879 年　　　　3 月 14 日，诞生于德国的乌尔姆地区。

1896 — 1900 年　就读于瑞士的苏黎世理工学院。

1905 年　　　　公开发表了一篇关于狭义相对论、布朗运动、光
　　　　　　　　量子和光电效应之间关系的文章。

1911 年　　　　成为布拉格卡尔·斐迪南大学的一名教授，并提
　　　　　　　　出了光会弯曲的猜想。

1914 — 1933 年　成为德国威廉皇家物理研究所的物理学教授以及
　　　　　　　　理论物理学的学科主任。

1915 年　　　　公开发表了关于广义相对论的著作和文章。

1921 年　　　　因其光电效应的研究成果而获得了诺贝尔物理学奖。

1930 年　　　　提出了宇宙膨胀理论的模型。

1933 年　　　　在德国纳粹上台之后离开德国，并在美国新泽
　　　　　　　　西州的普林斯顿高级进修学院谋职。

1946 年　　　　担任原子能科学家紧急委员会的主席职务。

1952 年　　　　被邀请担任以色列总统，但是他婉言拒绝了这
　　　　　　　　个邀请。

1953 年　　　　公开发表了《相对论释义》一文。

1955 年　　　　4 月 15 日，在普林斯顿地区与世长辞。

附录三：

不可不知的物理名词

绝对零度：能达到的最低温度，在此温度下物体不包含热能。

能量守恒：关于能量既不能产生也不能消灭的科学定律。

加速度：物体速度改变的速率。

原子：物质的基本单元，由很小的原子核和围着它转动的电子构成。

反粒子：每个类型的物质粒子都有与其相对应的反粒子，当一个粒子和它的反粒子碰撞时，它们会相互湮灭，只留下能量。

人存原理：我们之所以看到宇宙是这个样子，只是因为如果它不是这样，我们就不会在这里去观察它。

电磁力：带电荷粒子间的相互作用力，四种基本力中第二强的力。

电子：带负电荷并绕原子核转动的粒子。

正电子：电子的反粒子（带正电荷）。

弱电统一能量：约为 100 吉电子伏的能量，比这能量更大时电磁力和弱力之间的差别消失。

基本粒子：被认为不可能再分的粒子。

磁场：引起磁力的场，和电场合并为电磁场。

中微子：只受弱力和引力作用的极轻的（可能无质量）基本

图说相对论

物质粒子。

中子：一种不带电、和质子很类似的粒子，大多数原子核中大约一半的粒子都是中子。

质子：构成多数原子核中大约一半数量的、带正电的粒子。

中子星：一种由中子之间的不相容原理排斥力所支持的冷的恒星。

虚粒子：量子力学中，一种永远不能直接检测到，但其确实存在具有可测量效应的粒子。

惯性参考系：牛顿运动定律成立的参考系，简称惯性系。

宇宙学：对整个宇宙的研究。

大爆炸：宇宙开端的奇点。

大挤压：宇宙终结的奇点。

黑洞：空间一时间的一个区域。那里引力非常强，以至于任何东西甚至光都不能从该处逃脱。

太初黑洞：在极早期宇宙中产生的黑洞。

史瓦西黑洞：

◎这是一幅关于黑洞的构想图，没有任何东西——甚至光线——可以逃离黑洞，全被它吸收。

所谓的"寻常黑洞"，直接由较大的恒星演化而来，其设定是不带电不自旋的黑洞，黑洞中心为奇点，黑洞的外圈为事件穹界又称史瓦西半径。

克尔黑洞：不随时间变化的绕轴转动的轴对称黑洞。这类黑洞的中心是一个奇环，有内、外两个视界，两个视界之间是单向膜区，洞外还带有能层，属于旋转黑洞中的一种。

爱因斯坦—罗森桥：连接两个黑洞的时空细管，参见虫洞。

事件：由其时间和空间所指定的空间—时间中的一点。

事件视界：黑洞的边界。

昌德拉塞卡极限：一个稳定冷星最大可能的质量的临界值，比这个质量大的恒星会坍缩成一个黑洞。

卡西米尔效应：真空中两片平行的平坦金属板之间的吸引压力。这种压力由平板间的空间中的虚粒子的数目比正常数目减少所造成。

坐标：指定点在空间—时间中的位置的一组数。

宇宙常数：爱因斯坦用的一个数学方法，该方法使空间—时间有一个固有的膨胀倾向。

暗物质：存在于星系、星系团及星系团之间的，无法被直接观测到，但能利用它的引力效应检测到的物质。宇宙中 90% 的物质可能是暗物质。

对偶性：表观上很不同但导致相同物理结果的理论之间的对应。

不相容原理：两个相同的自旋为 1/2 的粒子不能同时具有相同的位置和速度。

图说相对论

场：某种充满空间和时间的东西，与其相反的是，在一个时刻，只存在于空间—时间中的一点的粒子。

频率：一个波在 1 秒钟内完整循环的次数。

γ 射线：波长非常短的电磁波，由放射性衰变或由基本粒子碰撞产生。

广义相对论：爱因斯坦的基于科学定律对所有的观察者（不管它们如何运动）必须是相同的观念的理论。它将引力按照四维空间—时间的曲率来解释。

测地线：两点之间最短（或最长）的路径。

大统一能量：比这能量更大时，电磁力、弱力和强力之间的差别消失。

大统一理论（GUT）：一种统一电磁力、强力和弱力的理论。

虚时间：用虚数测量的时间。

光锥：空间—时间中的面，在上面标出光通过一给定事件的可能方向。

光秒（光年）：光在 1 秒（1 年）时间内走过的距离。

微波背景辐射：源于早期宇宙的灼热的辐射，如今它受到很大的红移，以至于不以光而以微波的形式呈现出来。

裸奇点：不被黑洞围绕的空间—时间奇点。

无边界条件：宇宙是有限但无界的（在虚时间里）思想。

核聚变：两个核碰撞并合并成一个更重的核的过程。

核：原子的中心部分，只包括由强作用力将其束缚在一起的质子和中子。

粒子加速器：一种利用电磁铁将运动的带电粒子加速，并给它们更多能量的机器。

相位：对一个波，特定时刻在它循环中的位置，即是否在波峰、波谷或它们之间的某点的标度。

光子：光的一个量子。

普朗克量子原理：光（或任何其他经典的波）只能被发射或吸收其能量与它们频率成比例的分立的量子的思想。

比例："X 比例于 Y"表示当 Y 被乘以任何数时，X 也是如此；"X 反比例于 Y"表示，当 Y 被乘以任何数时，X 被同一个数除。

量子：波可被发射或吸收的不可分的单位。

量子力学：从普朗克量子原理和海森堡不确定性原理发展来的理论。

夸克：感受强作用力的带电的基本粒子，每个质子和中子都由三个夸克组成。

雷达：利用脉冲无线电波的单独脉冲到达目标并折回的时间间隔来测量对象位置的系统。

放射性：一种类型的原子核自动分裂成其他的核。

红移：因为多普勒效应，从离开我们而去的恒星发出的光线的红化。

奇点：空间—时间中空间—时间曲率变成无穷大的点。

奇点定理：在一定情形下奇点必须存在，特别是宇宙必须开始于一个奇点。

时空：四维的空间，上面的点即为事件。

空间维：除了时间的维之外的三维的任一维。

狭义相对论：爱因斯坦的基于科学定律对所有进行自由运动的观察者（不管它们的运动速度）必须相同的观念。

谱：构成一个波的分频率。例如，电磁波对它的分量频率的分解。

稳态：不随时间变化的态；一个以固定速率自转的球是稳定的，因为就算它不是静止的，在任何时刻它看起来都是等同的。

弦理论：物理学的一种理论，其中粒子被描述成弦上的波。

强力：四种基本力中最强的、作用距离最短的一种力。它在质子和中子中将夸克束缚在一起，并将质子和中子束缚在一起形成原子。

弱力：四种基本力中第二弱的、作用距离非常短的一种力。它作用于所有的物质粒子，而不作用于携带力的粒子。

不确定性原理：人们永远不能同时准确地知道粒子的位置和速度；对其中一个知道得越精确，则对另一个就知道得越不准确。

波/粒二象性：量子力学中的概念，指在波动和粒子之间没有区别；粒子有时会像波动一样行为，而波动有时可像粒子一样行为。

波长：对于一个波，在两相邻波谷或波峰间的距离。

白矮星：一种由电子之间不相容原理排斥力所支持的稳定的冷的恒星。

虫洞：连接宇宙遥远区域间的时空细管。